天目山植物学野外实习指导

李宏庆 朱瑞良 王幼芳 田怀珍 主编

华东师范大学出版社

前　言

从 20 世纪 50 年代开始，华东师范大学生物系植物学教研组就选定浙江天目山为植物学野外实习基地。60 多年来，几代教师为让学生在较短的野外实习期间，充分利用天目山丰富的植物资源，有效地复习巩固已学过的书本知识，提高植物识别和鉴定能力，曾编写过诸多版本的野外实习手册：最先从教师的备课笔记的传抄，到油印小册子的启用，直至 1993 年，由冯志坚教授等编著的《植物学野外实习手册》得以出版，为学生在野外实习的准备、如何进行野外实习、主要植物的识别鉴定等方面提供了极为实用的指导。20 多年来，该《手册》在全国同类课程教学中一直享有很高的知名度和声誉。

近年来，为了适应课程改革和生命科学创新人才培养的需要，华东师范大学植物学科组的教师先后编写出版了《植物学》系列教材，包括主教材《植物学》、实验教材《植物学实验指导》及自学教材《植物学学习指导》。为了传承和发展华东师范大学在植物学教学上的理念和创新，完善植物学系列教材，在《植物学野外实习手册》、《天目山野外实习常见植物图集》、《野外实习指导》（内部教材）的基础上，我们组织了长期承担本科生野外实习教学、具有丰富教学经验的教师担任主编，与年轻教师一起编写《天目山植物学野外实习指导》这本教材。

《天目山植物学野外实习指导》可使学生在理论和实践上将植物学知识融会贯通。教材中对实习基地背景资料收集、实习的前期准备和组织管理进行了详细的介绍，不仅有利于学生了解实习基地概况，更重要的是能使学生知晓如何组织和开展野外实习，这对师范院校学生今后开展教学实习的组织能力的培养具有重要意义。教材配有实习基地常见植物 588 种的照片 1 022 幅，每个种有关键的识别特征描述，并为形态相似种提供了比较鉴别特征，有利于学生在野外快速掌握关键特征，对学生建立分类及系统发育概念会有很好的促进作用，也有助于植物爱好者的快速学习和实践。教材还在学生开展研究性学习上进行了详细的引导，列举了 4 篇历届本科生在天目山野外实习期间撰写的较为规范的专题性研究论文，为学生在实习中开展专题研究、拓展研究思路提供参考，这不仅可以培养学生科学研究的思路和方法，也为今后开展相关研究工作奠定坚实基础。

《天目山植物学野外实习指导》是一本内容丰富精炼、风格淳朴、图文并茂、检索便利的野外实习教材，其中种子植物部分的编排与《植物学》（马炜梁主编）及《华东种子植物检索手册》（李宏庆主编）一致，采用克朗奎斯特系统，科内按学名字母顺序排列，以便于读者对照学习。本教材编写分工如下：第 1、2、4、5 章由李宏庆、王幼芳、孙越编写；第 3 章由田怀珍、李宏庆编写；第 6 章孢子植物部分由王幼芳、朱瑞良、魏倩倩编写，种子植物部分由李宏庆、田怀珍编写；程夏芳绘制了实习基地示意图并协助文稿整理；图片主要由李宏庆、王幼芳、田怀珍、朱瑞良拍摄，个别照片由葛斌杰、张振、蒋丽英、郭光普提供；全书由李宏庆统稿。本教材的编写和出版得到了华东师范大学精品教材建设专项基金、华东师范大学教材出版基金和上海市植物学精品课程项目的资助；研究生张振、姚鹏程、张俊丽、章博远、王晓梅、高海艳、张美娇、张建行参与了文字校对工作；华东师范大学马炜梁教授和冯志坚教授、中国农业大学邵小明教授、上海科技馆秦祥堃研究员和上海辰山植物科学研究中心陈彬博士为本教材的编写和出版提供了宝贵的修改意见；天目山国家级自然保护区管理局为我校的实习教学工作创造了优越的条件。在此表示衷心感谢。

　　由于篇幅所限，本教材未提供科、属、种检索表，建议必要时与《华东种子植物检索手册》或《天目山植物志》配合使用。

　　鉴于编者的水平有限，文中不妥与疏漏在所难免，恳请使用单位和广大读者提出宝贵意见和建议，以便再版时得以修正。

编　者

2016 年 2 月

目　录

第1章 野外实习背景材料的收集

野外实习背景材料包括实习的目标意义、实习生的知识水平、实习基地的基础资料、实习队的硬件设施等。

一、关于实习的目标意义

植物学野外实习，其目标定位，已不再是简单的理论教学和实验教学的延续，即单纯扩充认识植物种类、认识植物生长分布与环境的关系、认识各类资源植物及其合理利用的重要性，而是更注重开阔学生的视野、让他们学会将理论知识创造性地与实践结合，锻炼学生自主开展植物学野外工作及进行专题研究的能力。这是对本科生进行全方位素质教育的需要，是其中的一个重要环节，是理论教学和实验教学所不能取代的。

为此，我们以天目山植物学野外实习为例，对实习的各个环节，包括：准备工作、组织管理、实施细节等进行了详细说明，以期达到提供独立工作的方法和业务实习的技巧两个主要目标。

二、实习生的知识水平分析

了解实习生的知识水平，对确定实习要达到的教学目标具有重要指导意义。由于各学校生源不同，同一学校学生的来源不同，实践技能和思维方式有差异，因此在实习教学中必须因材施教，尽可能使每一位实习生都有最大的收获。此外，部分实习生可能已有一定的野外劳动和植物识别经验，实习前了解这些，对实习中的组织管理及发挥他们的特长很有好处。

三、实习队的硬件设施分析

硬件设施包括专用往返交通工具、定点实习基地的各项生活设施和学习研究条件、野外工作相关器具等。装备状况影响到实习的各个环节，如：没有专车将导致在交通上浪费宝贵时间；实习基地没有良好的灯光照明，会影响晚上实习生的自学以及准备活动；食品供应和就寝条件关系到每个人的身体健康和学习工作效率，等等。

总之，从一个实习队的硬件设施可以大体了解该实习队的建设质量。完善的硬件设施，在业务上能为实习师生提供有效的硬件支持，在生活上能提供高质量的后勤保障，它是衡量实习队建设水平的一个重要指标。

四、实习基地基础资料的收集

基础资料一般包括如下几个方面：1. 自然概况，它是指实习基地的地理位置、总面积、主峰海拔高度、地形地貌结构、气候因素、土壤类型等资料。2. 社会概况，它是指实习基地的演变历史，历代科学家考察所积累的资料和周围的风土人情。植物类群的现状往往与人为的干扰紧密相关，假如较大面积的天然林惨遭破坏，就会失去作为实习基地的价值。3. 植物资源概况，它是指实习基地的各种植物的资料，特别是高等植物的资料（包括苔藓植物、蕨类植物、裸子植物和被子植物），尽可能详细，例如它们的种类、数量、分布格局等。在有条件的情况下，适当积累、掌握一些动物资源的资料也是必要的，这是因为植物和动物之间的关系很密切，植物为动物提供食物和栖息的环境。（天目山基础资料可参阅《天目山植物志》第一卷）

实习基地的基础资料是决定植物学野外实习形式和内容、确定实习要求的客观依据。自然的、社会的、植被的状况优良，将有利于野外实习各项活动的开展，从多角度锻炼学生的综合能力，培养学生形成良好的研究习惯，树立牢固的环保意识。因此，野外实习基地自然资源状况资料的收集和积累就显得相当重要。

这里展示了西天目山几张典型生境的照片及实习基地示意图。

图1-1 禅源寺旁溪流边茂盛生长的苔藓植物

图 1-2　海拔 400 米处的常绿、落叶阔叶混交林

图 1-3　特色植被——柳杉林

图1-4　海拔1 200米处的针叶、阔叶混交林

图1-5　海拔1 400米处的落叶矮林

附： 设计虚拟情景（如中小学生游园活动、环保教育、野营、植树节活动、植物学兴趣小组活动、自然保护区考察等）的植物学野外工作背景材料收集方案

虚拟情景	
服务对象的知识水平评估：	
相关地点的环境评估：	
相关地点的植被特点：	
其他必需材料或必备知识：	
不明问题及应对措施：	

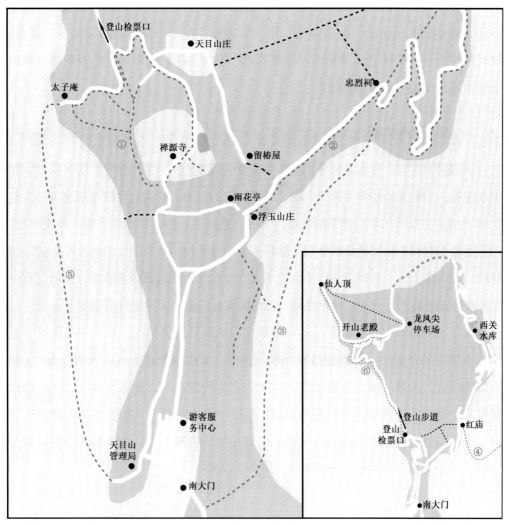

实习小道①：禅源寺周边至太子庵　　　　实习小道④：红庙至火焰山顶
实习小道②：浮玉山庄至红庙　　　　　　实习小道⑤：管理局经黄坞里到太子庵
实习小道③：忠烈祠沿山脚水沟至南大门　　实习小道⑥：登山检票口经开山老殿至仙人顶

图 1-6　西天目山植物学实习基地示意图（红色虚线表示可选择的实习小道）

第 2 章　野外实习的预备工作及组织管理见习

植物学野外实习是一项涉及面广、节奏紧、工作量大、综合性强的校园外教学活动。要搞好此类活动，组织管理工作非常重要，每一个细节都必须做好、落实。实习的学生应从带队老师那里学习必要的组织管理方法，为今后走上教师岗位组织野外实习或相关活动打下基础。

一、实习的组织

一般讲，应有一个实习领导小组，它由分管教学的院（系）领导、实习队领队和带教老师、后勤老师和学生骨干组成，负责全队的学习、研究、生活与思想工作。这个领导小组中教师和学生骨干的配备，人数宜适当多一些，特别是后者。师资充足、分组规模小有利于教师指导和个别化辅导；学生骨干得力，有利于对组及小组的组织管理。在人选上，一般师资的选择余地不大；学生骨干的选择应侧重身强力壮、有一定野外劳动经验和号召力、纪律性强、工作踏实且自愿为同学服务的学生。

为了更好地开展野外教学活动，根据实习队师资配备情况，整个实习队可分成若干个组，每个组由一位教师指导，确定男生、女生组长各一名，人数以 10～15 人最为适宜。人数过多，会影响实习效果，在这种情况下，更应该多调动学生的积极性和主动性。组内按学生自愿原则再组成 3～5 人规模的小组，小组内成员适当分工合作，推选小组长全面负责安排和管理小组的各项工作，如公用标本的采集与压制、小论文立题与实施、公共卫生、野外安全等。

二、管理工作

管理工作主要分为学习管理、生活管理两大方面，由专人负责。出发前要召开野外实习动员大会，向学生提出实习中学习、生活、安全、纪律等各个方面的具体要求，布置相关的准备工作，其中出发和返回时公用器材和资料的携带、搬运要落实到人。

学习管理是实习的重中之重。首先，在内容的安排上，要遵循由浅入深的原则。每位参加实习的学生，尽管在课堂上、书本里学习到许多植物学的知识，但和自然界丰富的植物相比，只是"沧海一粟"。当你来到实习地、走进大自然，你会感到处处很陌生，因而显得手足无措。所以在野外实习时，还是要从基础知识入手，具体来说：先观察植物的营养器官包括根、茎、叶；再观察繁殖器官如花的外形、花的结构，查阅检索表，识别物种；然后在上述基础上深入了解植物形态结构特点、植物与环境的关系、植物的种群、群落和植被知识，进行专题实习。其次，合理安排日程。事先要有一个大致的框架，到实习基地后，根据新出现的情况，再作适当的调整和补充，这是常有的也是正常的现象。日程安排除了考虑要与实习内容相协调外，还要考虑到晴天、雨天的因素，甚至白天和晚上也要周密安排，统筹策划。通常晴天应多安排户外活动；雨天安排在室内进行植物鉴定、标本整理和制作，以及整理野外调查数据等；晚上则适当安排一些集体的、个人的复习等。最后，应充分发挥领队和带教老师的主导作用，各组带教老师在指导思想上和操作方法上相互配合，保持统一，及时回答学生问题，同心协力达到最佳实习效果。

在生活管理方面，需要注重细节，遇到困难及时疏通引导。到达实习基地后，首先应组织一次全体师生会议，对出发和路途中的好人好事进行表扬，以利在实习和返回时发扬光大。同时重申作息时间并严格执行。其次，对学生中出现的生活上的问题及时解决。对纪律松散、不积极上进的学生及时引导或提出批评，生活中要求节约（如节约用粮、用水、用电等），房间内要求整洁，树立优良的精神风范。

管理工作要充分发挥学生的主观能动性，向学生提出明确的要求，以保证实习的顺利进行。根据多年野外实习的经验与体会，我们提出四点要求：

1. **安全第一** 野外实习各个环节都要注意人身安全，特别要预防交通事故、跌倒、迷路、过敏、溺水等意外和毒蛇伤害。

2. **互助友爱** 要发扬互助友爱、尊师爱友的精神，讲文明、有礼貌；把困难留给自己，把方便让给别人，不抢占车辆座位和床位，照顾好集体和他人的财物。

3. **文明守纪** 实习基地大都设在保护区、风景区，必须遵守实习所在地的规章制度，爱护保护区的一草一木，听从教师和当地管理工作人员的指导；专题实习期间学生较为分散，一定要遵守实习队的规定，不得违反。

4. **勤学肯钻** 通过实习，要求每个学生掌握和做到下列几个方面：

（1）掌握重点科的特征，认识常见植物 100～150 种，独立运用检索表鉴定不认识的植物 5 种以上。

（2）了解有关植物的经济用途、植物与环境的相互关系、植物和植被分布的规律性。

（3）掌握标本的采集、记录及制作方法，每组压制一套标本。

（4）小组合作完成一项专题研究，独立写出"植物学专题性实习报告"。

（5）填写"野外实习的组织管理见习报告"、"野外实习的预备工作见习报告"、"特定情景的植物学野外工作背景材料收集方案"、"已熟知植物记录表"。

附 1：野外实习的预备工作见习报告格式

预备工作的起始时间：
预备工作的具体内容：
准备不足之处：
各项预备工作的重要性分析：

附 2：野外实习的组织管理见习报告格式

时间：	地点：
领队的职责：	
组织管理人员的分工：	
指导教师的职责范围：	
其他相关服务人员及其职责：	
组织管理方法记录：	

第3章　植物识别和鉴定方法

随着满载实习学生的大巴车逐渐接近天目山实习基地，窗外满眼的绿色，给同学们的最初感觉一定是："天目山的植物真丰富！是的，天目山植物种类非常丰富。据记载，天目山有苔藓植物65科152属287种，蕨类植物35科72属184种，裸子植物8科31属54种，被子植物147科796属1 828种（均包括种下分类等级，含栽培种）。天目山之所以能够孕育如此丰富的植物资源是与其自然环境和地理位置分不开的。天目山位于浙江省西北部，浙江和安徽两省交界处，该山发源于南岭山系，经江西的怀玉山脉自南向北移至皖南，构成黄山，再向东延伸至浙西北而形成。天目山地处中亚热带北缘，濒临我国东南沿海，属于亚热带季风型气候，四季分明，雨量充沛，相对湿度大，霜雪期较长。最高海拔1 503米，土壤由低海拔向高海拔可以分为红壤、黄红壤、黄壤和黄棕壤，同时因为山体形成于古生代志留纪造山运动时期，又经受了第四季冰川的作用，形成了悬崖峭壁、山势陡峻的地形地貌。正是因为这样的自然状态使得天目山拥有丰富的植物资源和植被类型，而植物学等相关的调查也已经非常充分，相关资料比较全面，所以包括华东师范大学在内的全国数十所大学和科研院所都将这里作为植物学的实习基地和研究站点。

面对天目山如此丰富的植物资源，相信同学们接下来的问题就是："这么多植物，我们怎么才能认识它们呢？""有什么方法可以让我们认识尽可能多的植物呢？"事实上我们在短短的实习期内要全部认识它们是不太可能的，但是我们可以通过实习的过程了解植物与环境的关系，认识自然界中常见的不同类群的植物，更重要的是学习识别和鉴定植物的方法，以及进行植物相关科研思维的初步训练。

一、植物的识别方法

中医看病讲究"望、闻、问、切"，事实上我们识别植物的方式与中医看病颇为相似。首先是"望",远看，观其生态类型，是乔木、灌木还是草本，对该植物有个宏观的把握，特别是不同乔木的树冠形状是不同的。近看，观其枝条、叶片、花朵的具体形态，被毛状况，比如枝条的颜色、形状、皮孔等；叶片着生的方式是对生、互生还是簇生等，叶片的形状，包括叶缘、叶尖、叶基，叶片的质地，叶脉的形状等；花朵的大小、颜色，花冠形状、雌雄蕊数量和形态；等等。其次是"切"，即摸一摸，我们也给植物"把把脉"，通过手上的感觉，真实地感受枝条的形状，叶片的质地，不同被毛的类型，这些会比视觉给同学们留下更深刻的印象。比如，唇形科的植物茎是四棱形；莎草科的植物茎是三棱形；蜡梅叶片从叶尖向叶基触摸会有非常粗糙的感觉，糙叶树叶片摸上去有砂纸一般的感觉；猪殃殃的茎更是棘手，而触摸到大蝎子草后手上火辣难忍的感觉更是会让你记忆终生。当然除了粗糙感觉外，也会有丝滑的感觉。例如大叶胡枝子摸上去很绵软，是一种绢缎的质感；触摸景天科植物的手感也一定是种享受。接下来是"闻"，即嗅一嗅，一靠近就能嗅出气味来的植物如芸香科的臭常山、许多植物开花时的香味等，然而大多数植物都需要将其叶片揉碎或者剥离树皮后才更容易"出味"。有些植物的中文名甚至就是根据这些气味起的，所以闻到它们的气味后就彻底记住它们的名字了。例如茜草科的鸡矢藤，会散发出阵阵鸡屎的恶臭气味；而三白草科鱼腥草的茎叶散发出鱼塘的腥臭味，这些植物确实是名不虚传。还有一些植物具有特殊的气味，在辨识中也是很重要的特征。例如樟科植物的清凉醒脑的香味；芸香科柑橘类的芳香味；桦木科植物的树皮剥离后常具有风油精的气味；这些气味都会成为我们野外鉴定植物时非常有用的信息。

最后与中医看病的"问"不同，而是"品"，即尝一尝，例如芸香科花椒的果皮是麻的，辣蓼的叶片是辣的，而同为蓼科的虎杖的茎却是酸的。当然如果不是教师告诉你可以尝一尝的话，大家在鉴别植物时还是要慎重，要预防中毒或过敏。

野外实习时，我们要充分利用视觉、触觉、嗅觉和味觉的感受，这会使得我们对植物特征的印象更为深刻。如果只是简单地听听带教老师的讲解，而自己不仔细地观察、放弃了"望、切、闻、品"的机会，不亲近植物，那么等回到住地后除了留在相机里的照片和记录本上的整齐文字外，留在脑袋里的切身感受就寥寥无几了，然而这些感受才是我们认识植物过程中更具价值的信息。

教师会带领大家沿着选定的实习小道（详见实习基地示意图）连续介绍数十甚至上百种植物，学生可以利用这条固定路线进行复习，因为鲜活的植物会一直待在那儿等你回头去看它。为便于学生学习，这里按几条路线记录一些常见植物，想找

某种植物的时候可以直奔目的地。（未列入各小道极常见的植物）

实习小道①（禅源寺周边至太子庵）：苦槠、江南桤木、杉木、榧树、杜鹃、棣棠、檵木、大叶胡枝子、白马骨、化香、白栎、白背叶、芒萁、海金沙、渐尖毛蕨、翠云草、珍珠莲、舌瓣鼠尾草、细叶青冈、复羽叶栾树、金钱松、糙叶树、盐肤木、青钱柳、大蝎子草、吉祥草、鱼腥草、金荞麦、过路黄、九头狮子草、山胡椒、野鸦椿、鸭儿芹、悬铃叶苎麻、胡颓子、阔叶箬竹、多花黄精、华泽兰、三尖杉、蝴蝶戏珠花、短叶罗汉松、绞股蓝、乌蔹莓、金银花、牛膝、榉树、红果钓樟、浙江楠、夏蜡梅、珙桐、透骨草等。

实习小道②（浮玉山庄至红庙）：北美香柏、木犀、庐山楼梯草、楤木、白花泡桐、油桐、白背叶、重阳木、榧树、杜仲、七叶树、响叶杨、喜树、山核桃、化香、紫楠、檫木、红脉钓樟、山鸡椒、红果钓樟、女贞、黄檀、马棘、野葛、长柄山蚂蝗、大叶胡枝子、盐肤木、野漆树、大果冬青、野鸦椿、山茱萸、山合欢、鹅掌楸、红毒茴、华中五味子、马尾松、薜荔、珍珠莲、小构树、宁波溲疏、粗枝绣球、钻地风、虎耳草、醉鱼草、格药柃、六角莲、茶条槭、青榨槭、爬山虎、乌蔹莓、刺葡萄、崖花海桐、满山红、杜鹃、马银花、多花勾儿茶、华紫珠、老鸦糊、海州常山、野珠兰、插田泡、软条七蔷薇、木莓、小果蔷薇、野蔷薇、粗齿铁线莲、女萎、博落回、刻叶紫堇、金线草、何首乌、虎杖、木通、风轮菜、紫苏、丝穗金粟兰、菝葜、油点草、五节芒、狗尾草、扁担杆、鸭儿芹、紫花前胡、透骨草、奇蒿、三脉紫菀、大花金鸡菊、南方兔儿伞、掌叶半夏、绞股蓝、南赤飑、鸭跖草、贯众、同形鳞毛蕨、井栏边草、渐尖毛蕨、延羽卵果蕨、狗脊、凤丫蕨等。

实习小道③（忠烈祠沿山脚水沟至南大门）：杜仲、木荷、东南石栎、山胡椒、紫楠、大果冬青、柃木、檵木、山矾、茶条槭、菝葜、冬青、油点草、三脉紫菀、丝穗金粟兰、阔叶金粟兰、狗脊、双鳞鳞毛蕨、薹草属多种、长柄山蚂蝗、小槐花、渐尖毛蕨、凤丫蕨、枫香、麻栎、苦槠、化香、杜鹃、美丽胡枝子、格药柃、乌饭树、多花木蓝、野鸦椿、芒萁、蕨、五节芒、枫杨、蓬虆、红果榆、银叶柳、崖花海桐、软条七蔷薇、高粱泡、云实、胡颓子、大血藤、爬山虎、白英、天目地黄、过路黄、益母草、九头狮子草、南方兔儿伞、庐山楼梯草、狼尾草、狗牙根、半边莲、虎杖、延羽卵果蕨、江南卷柏、翠云草等。

实习小道④（红庙至火焰山顶）：刺葡萄、檫木、华东杏叶沙参、大花斑叶兰、中国旌节花、阔叶山麦冬、杜仲、山核桃、猫乳、长叶冻绿、圆叶鼠李、山橿、六角莲、宝铎草、多花黄精、珍珠莲、百部、何首乌、杠板归、粉团蔷薇、蝴蝶戏珠花、野珠兰、野鸦椿、南五味子、车前、金银花、华中五味子、白花前胡、野山楂、豆腐柴、紫萁、海金沙、芒萁、盐肤木、杜鹃、马银花、白栎、中华猕猴桃、格药柃等。

实习小道⑤（管理局经黄坞里到太子庵）：红果榆、短尾柯、石楠、枹栎、虎杖、杉木、宁波溲疏、山梅花、金银花、华中五味子、杜鹃、马银花、格药柃、大叶冬青、细叶青冈、青冈、红楠、山胡椒、紫金牛、野鸦椿、臭辣树、羊踯躅、华双蝴蝶、千里光、天目地黄、三脉紫菀、中国旌节花、胡枝子属多种、蔷薇属多种、木蓝属多种、械属多种、棕叶狗尾草、油芒等。

实习小道⑥（登山检票口经开山老殿至仙人顶）：金钱松、山樱花、南天竹、楤木、野漆树、野珠兰、秋牡丹、龙牙草、星毛繁缕、金线草、狗脊、紫楠、红楠、东南石栎、苦槠、细叶青冈、青冈、红毒茴、细叶香桂、阔叶箬竹、吴茱萸、牛鼻栓、白毛乌蔹莓、黄堇、紫金牛、豹皮樟、毛花连蕊茶、建始械、山靛、纤细薯蓣、天目木姜子、青钱柳、天目紫茎、五加、青灰叶下珠、浙赣车前紫草、斑叶兰、大头橐吾、庐山风毛菊、紫萼、卷柏、佛甲草、抱石莲、水龙骨、半蒴苣苔、荞麦叶大百合、糯米椴、日本椴、蓝果树、灯台树、四照花、小叶白辛树、香果树、湖北山楂、交让木、缺萼枫香、云锦杜鹃、细齿冬青、小叶石楠、圆锥绣球、金缕梅、小果南烛、茶荚蒾、木蜡树、老鼠矢、大芽南蛇藤、牯岭勾儿茶、接骨木、及己、硃砂根、扇脉杓兰、太子参、鹿蹄草、剪秋萝、秋海棠、大果山胡椒、黄山松、白檀、秋子梨、雷公鹅耳枥、天目械、川榛、中国绣球、天目琼花、下江忍冬、安徽小檗、华茶藨、盾叶莓、玉玲花、木通、粉背菝葜、山萝花、三叶委陵菜、瓜叶乌头、竹节人参、玉竹、草芍药、黑鳞耳蕨、黄山鳞毛蕨、牯岭藜芦、湖北海棠、三桠乌药、鹅掌草、轮叶八宝等。

在短短的几天时间内要认识许多植物还是很困难的，特别是对于不容易辨识和没有典型特征的植物，更是需要学生反复记忆。有时需要将这些植物拿捏在手上，空闲时多看看，多摸摸，用学生的话就是"增加感情"，时间长了自然也就把握了植物的特点；也可以2～4个学生组成小组，进行分工，取长补短。有时候学生会问教师是怎么记住这么多植物的特征的，其实也没有什么特别的方法，就是当有花果的时候准确鉴定后，反复地观察该植物的各个特征，时间长了自然也就熟悉了，就像我们熟悉一个人的话，即使是他的背影我们也能辨别出。

二、植物的鉴定方法

以上所提及的认识植物的方法主要是获得感性的认识，这些认识可能会随着时间的推移，印象越来越模糊，最终就所剩无几了。所以我们需要学会自己去辨识植物的本领，即使原来认识的植物遗忘了，当植物有花果时，利用一定的工具书就能够准确地鉴定出植物种类。学习鉴别植物的方法，需要熟练地使用检索表，当然准确鉴定的前提是学生首先能够准确掌握植物的形态学术语。目前我们天目山野外实习使用的鉴定工具书主要为《华东种子植物检索手册》，而我们使用的《植物学》教材的第12章第三节"被子植物分类的主要形态学术语"中图文并茂地详细讲解了被子植物常用的形态学术语，当把握不准的时候可以借助教材进行确定。其次，我们需要掌握检索表的使用方法。这里我们以天目山常见野豌豆属植物检索为例，简单讲解检索表的使用方法。常用的检索表为退格式检索表和平行式检索表两种。

退格式检索表：

1. 一年生草本；叶顶端卷须状。

  2. 叶较大；花几无梗；果荚含5粒以上种子 …………… 救荒野豌豆 *Vicia sativa*

  2. 叶小，其小叶长不过1.5 cm；具明显花序梗；果荚含2～4粒种子。

    3. 花序有2～4花，荚果具1～2粒种子 ……………… 小巢菜 *Vicia hirsuta*

    3. 花序仅具1～2花，荚果具3～4粒种子

        …………………………… 四籽野豌豆 *Vicia tetrasperma*

1. 多年生草本；叶顶端芒刺状 ……………………… 牯岭野豌豆 *Vicia kulingana*

平行式检索表：

1（6）　一年生草本；叶顶端卷须状。

2（3）　叶较大；花几无梗；果荚含5粒以上种子………… 救荒野豌豆 *Vicia sativa*

3（2）　叶小，其小叶长不过1.5 cm；具明显花序梗；果荚含2～4粒种子。

4（5）　花序有2～4花，荚果具1～2粒种子 ……………… 小巢菜 *Vicia hirsuta*

5（4）　花序仅具1～2花，荚果具3～4粒种子…… 四籽野豌豆 *Vicia tetrasperma*

6（1）　多年生草本；叶顶端芒刺状 ……………… 牯岭野豌豆 *Vicia kulingana*

首先通过观察检索表的特征，我们会发现退格式检索表每一组性状编排时，向后（右）退一格，所占篇幅会比较大。而平行式检索表所有的检索性状按1，2，3，4……的次序编号，括弧中列出其相对性状的编号，这样既保留了退格式检索表的优点，又将相近的种类排列在一起，便于使用者掌握情况，同时，因为左边排齐的

不退格又克服了浪费篇幅的缺点，适用于种类很多的时候使用。但是，不管哪一种检索表都是在两条对立的路径中选择其中之一，逐步推导。然而，有时我们所拿到的标本并未出现检索表中的特征（没有花，或者没有果），这种情况下需要两条路径都检索一下，看哪条路径中具有完全匹配的特征。如果在检索一种植物的过程中，两条路径都要同时检索的情况太多，常会导致鉴定结果不准确，所以需要我们采集标本时尽可能采集有花有果的枝条，采集草本植物时尽量要采集到它的基生叶，这些都会提高我们鉴定植物的准确率。通过仔细的检索和查对后，得到了一个自己认为是正确的名称，但是没有百分之百的把握，此时我们可以借助于《天目山植物志》和《浙江植物志》，对照一下自己检索得到的种名所对应的植物形态学描述，以及对应的墨线图，最终确定是否鉴定准确。如果是特征相符，相信学生的成就感是非常强的，若是鉴定准确的次数多了，学生使用检索表会更自信，准确率会更高。如果通过查阅植物志发现其中描述的特征与自己所鉴定的植物不相符，则需要怀疑是不是鉴定错了，此时，可以倒查检索表，看看是哪个环节出了问题，可能是对某个植物性状的把握不准造成了路径选择错误。通过这样的倒查，我们会更深刻地认识一些性状的描述，更熟悉鉴定该种以及相近种时哪些特征是需要格外关注的。相信经过反复练习，学生对于检索表的使用会越来越熟练。

有时候也会遇到因为没有花果，按照已有的检索表无法鉴定出来的情况，此时，经验就很重要了。我们需要凭借经验对植物所属的科进行大体的判断，例如具有白色乳汁的可能会是大戟科、桑科、萝藦科或者菊科的植物，单叶对生的木本植物可能会是忍冬科、木犀科或山茱萸科；生有羽状复叶的可能是胡桃科、豆科、楝科、漆树科、苦木科、无患子科、省沽油科或者五加科；具有芳香味的木本可能是樟科或者芸香科，而芸香科大多数植物的叶片透过光看又具有透明腺点；具有卷须的藤本可能会是葡萄科或者葫芦科；叶片具有星状毛的则常常会是金缕梅科、椴树科、锦葵科、胡颓子科、野茉莉科或者玄参科的植物；单叶、互生、革质、叶背色浅、叶缘多具锯齿的可能是壳斗科植物，且该科大多数植物剥掉韧皮部后茎具明显的棱。通过这些特征可以筛选出可能的检索范围，有时甚至可以通过某些特殊的性状，基本无误地判断到科，例如木兰科具有托叶环、伞形科叶柄基部膨大且植株多具辛香味、蓼科具有膜质托叶鞘等。可是毕竟学生没有如此丰富的经验，所以有时需要教师给出范围或者直接给出科名甚至属名，学生自己去对照植物志的描述或者图谱鉴定出植物种名。虽然说这并不是根据检索表得出的结果，但是在翻阅书籍的过程中，学生对该植物的基本性状以及相近种的区别特征还是会有一定的收获。当然认识植物的主要方式还是需要利用检索表进行植物的鉴定。

三、植物标本的采集与制作

实习期间除了教师带领学生识别植物以及学生自己练习检索鉴定植物外，还有两个方面的训练对识别和鉴定植物非常重要，那就是亲手采集和压制标本。采集标本需要注意：尽量少影响植物的生长和减少对植物生境的破坏，核心保护区内的植物、居民种植的植物不能随意攀折采集，如果需要采集应事先获得许可；采集种子植物时需要尽量采回花、果实、叶和茎等（矮小草本植物有时需要整株连根掘起）；采集蕨类植物时根状茎和叶柄的下部常有鳞片，需要一同采集，还要留意叶片背面是否具有孢子囊群；采集苔藓植物需要连同其附着生长的土壤或树皮一同采集，尽量包含带孢子体的植株；采集有刺或有毒的植物时要戴上手套，小心处理保管；寄生植物要连寄主一起采集；容易卷合的植物，采集后尽量迅速进行后续处理以免萎蔫变形。采集过程中需要即时挂好吊牌，记录好地点、采集号、采集时间、俗名、关键特征等，便于辨识；随时注意自身的安全，危险的地方不能去冒险。采集好标本以后，可根据需要洗去根部泥土，拭去叶上的尘垢，剪去过多的枝叶并整形，肉质植物及肉质的果实、鳞茎或块茎等需要用开水杀青，利用吸水纸的吸水功能及瓦楞纸的透气功能，按夹三明治的方式将标本层叠间隔起来，再用标本夹将其用力捆扎；每天更换吸水纸，直至标本完全干燥（苔藓植物的标本不要夹、不要压）。有时可利用烘烤的方式使标本快速干燥，不过这样处理的标本变脆、DNA彻底降解，影响标本品质。植物标本压干以后，需要装订在一张卡纸上（称为上台纸），贴好采集记录纸、鉴定标签等，经杀虫处理后就可送入具备防潮、防虫、防霉条件的标本馆长期保存。

标本的采集和压制过程其实仍然是一个认识植物的过程，采集时的精心选择、观察、记录使我们对植株的生活状态有了深刻的理解，压制标本时我们要对植株进行修剪、挂牌、整形、换纸，在此期间可以连续观察到一份标本从新鲜状态渐渐干燥的过程，以及在这过程中植物的特征变化。通过采集压制标本，从鲜活的植株到干燥的标本都能认识，这样才算认识了一种植物。当然，这个要求是比较高的，但以一个高标准要求自己会得到更多的收获。

总而言之，认识植物是一个感性认识加理性认识的过程，经验的积累是非常重要的，功夫是在日积月累的不断鉴定、不断熟悉植物的过程中逐渐练就的，临时抱佛脚就想认识很多植物是不可能的。所以，学生需要在实习期间尽可能多地练习鉴定的功夫，积极去观察尽可能多的种类。

实习结束时，需要对实习期间的收获进行系统的整理记录，以备日后温故知新。其中教师要求考核的部分可简要填写在下面这个表格中。表中"已熟知植物"的含义是通过实习已有深刻认识和记忆的植物种类，应该实事求是地填写。教师可以利用这份记录表，通过抽查考试，掌握学生的实习效果。

附：已熟知植物记录表（代考核表，其中独立鉴定过的种要求写出花程式）

鉴定对象	花程式	鉴定对象	花程式

已熟知植物	科　名	已熟知植物	科　名

＊实习时可按此格式另外制表填写。

第4章　植物学专题性实习指导

对野外各色各样的植物有兴趣，自然会乐意参与到实习活动中，去实践、去挖掘，锻炼思考问题、发现问题、解决问题的能力。总结以往教学经验发现，让学生带着问题去参与实习活动，能激发学生探究的兴趣，起到事半功倍的学习效果。为此，我们总结并设计了专题实习环节，引导学生自主地进行研究。

一、专题研究的一般程序

（一）专业知识准备

植物形态解剖学、植物分类学是这次实习中专题研究的最重要基础知识，从一定意义上说专题研究就是这些植物学知识在实践中的具体运用。为此，实习前学生应充分复习相关内容，在实习的前阶段中应尽可能多地鉴别植物种类，为专题研究的顺利进行奠定基础。

（二）确定探究课题

由于野外时间有限，确定课题宜早完成。但是如何定题呢？我们不能闭门造车，只有深入现场去寻找，发现自己感兴趣而又有能力和条件去解决的问题。发现问题是解决问题的开始，一个能够不断发现问题的人也是一个能够不断进取的人，要从确定选题开始，培养自己观察、对比与思考的能力。

（三）设计方案

探究课题一经确定就要进行合理的人力和时间分配，明确探究内容、技术措施和实施步骤，确保在有限的时间内能完成课题。

（四）收集材料、观察、实验、思考

尽快着手广泛深入地收集材料，包括标本采集、解剖、观察、鉴定记录等。从各种事物的对比中找出规律性的东西。

（五）撰写研究报告（小论文）

专题研究报告是自己对某一专题经过一番调查、观察、思考以后的归纳性的总结。学术性报告应包括如下几方面内容（不同性质的课题可以有不同的格式，可以根据选题性质而定）：

1. 前言（问题的由来）：说明论题的意义、前人曾做过哪些工作，留下什么问题（由于在野外，资料不全，可以从简写，但要说明你为什么选这一专题）。

2. 材料与方法：写下自己的工作内容，包括过程、地点、环境特点、工作方法。

3. 数据分析：展示数据，推导分析，汇总整理等等。

4. 结果与讨论：写出研究获得的重要结果，并对结果进行讨论。

5. 参考文献：进行此项工作参考和引用了哪些资料。

可以设想，学生如果今天能够独立地整理出实习地的某一类植物的名录与检索表，明天就有能力全面调查某一山区的植物；今天能够搞清楚初夏的草花，明天就可能撰写一本某地区野生花卉的书籍；今天对苔藓、蕨类、药用、芳香、淀粉植物等很感兴趣，明天就可能成为这方面的专家；今天进行了几个样方调查，明天就可能成为生态学家。即使将来不从事植物专业工作，但把握这一大好时机，在创造性的探索中锻炼、培养自己独立工作的能力，学会活学活用书本知识的本领，终将会受益无穷。事实上，植物学课程一定要安排野外实习的根本目标就是培养学生的独立工作能力。

二、植物分类学专题选题示范

（一）××山××科植物的种类及分布调查

这类课题不宜选择种类过多或种类过少的科，主要是考虑时间与工作量的合理分配。一般应先对该科在该地的大致种类有所认识，并采得每一种的凭证标本，在此基础上广泛调查其分布点。再将所得数据整理成统计表、检索表、种类分布图等形式，最后分析归纳。

（二）××植物种内变异的调查及探讨

种内变异研究宜选择个体间存在明显差异的种为对象，并尽可能地了解其近缘种的特点，以便于在调查研究的基础上分析所选择的种是否可划分为不同的种，或将其与近缘种归并为同一种。必须在调查的基础上进行探讨，结论要有理有据。

（三）××植物种间关系的调查及探讨

种间关系的研究如果侧重分类，可选择同一属（或科）中有不易识别的种类的类群进行研究、鉴别并提出自己的看法，或选择有显著差异的类群探讨其亲缘关系；如果侧重生态关系，可作为生态学专题到生态环境中去收集素材，考察其相互影响。必须在调查的基础上进行探讨。

（四）××山常见植物分科经验谈

要求对该地十个以上常见植物科有较完整的认识，不能泛泛而谈，要谈自己的实践经验而不仅仅是按书本上的描述做。

（五）发掘具有特定经济用途（或学术价值）的植物

这是题材相当广泛的一类课题，但不能照抄照搬书本记录，要亲自出去探索，以自己的眼光去发掘。可以是到野外去考察这类植物的资源状况如分布及储量，也可以是发掘尚未发掘出来的用途或价值，如观赏、艺术、原材料、农牧业生产等方面。要求涉及植物种类不少于10种。

（六）植物标本采集制作的理论与实践

重点放在理论与实践的结合上，可从不同种类、不同生境、不同采集目的、不同制作方法等方面入手。不得照抄文献中的现有资料。

三、植物形态学专题选题示范

（一）植物营养器官形态结构的调查

植物营养器官形态变化很大，此课题可以从几方面调查：各种变态器官的来源、植物的不同分枝方式及不同生境下叶形态、结构的变化，各种营养器官在分类鉴定中所起的作用。如"蔷薇科植物的托叶在鉴定种时的作用"等。在观察的基础上谈自己的认识。

（二）被子植物有性生殖器官的调查

此课题可分别从花序类型的多样性、花的结构与传粉关系、雄蕊花药的成熟与开裂方式等不同角度观察分析。花序的类型调查可选择各类型的花序，观察其花开放的顺序，绘出示意图，从而总结出花序的类型。花的结构与传粉关系调查必须仔细观察几朵花，注意传粉昆虫的行为，然后进行解剖，分析其结构与传粉的适应。雄蕊的成熟时期，其花药形态、开裂方式直接与传粉有关，通过调查研究，会发现其中的奥妙。

（三）蕨类植物叶的形态结构、孢子囊的形态和
　　　生长方式多样性调查

此课题可分别从叶形、叶脉、维管组织的结构或孢子囊的着生方式、形态结

构、开裂方式等方面进行调查，在调查实际材料的基础上，对调查数据进行分析整理和推理。

（四）苔藓植物生活史及不同生长环境下其形态结构特点的调查

对苔藓植物生活史的调查，可选择一种苔类植物和一种藓类植物，收集其特定发育时期的材料，观察并描述其结构，在此基础上比较苔和藓的营养器官、生殖器官的差异，从而探讨苔藓植物在植物界中的地位。对不同生境下苔藓植物的形态结构特点的调查，应注重观察苔藓植物在自然界中的生长环境，如有生活在水中的或能生活在裸露的岩石上……选择不同的生境，收集标本，从形态结构和自然环境因素等多方面进行比较。

四、植物生态学专题选题示范

（一）害虫与植物间的适应

在实习中你会观察到小虫特别爱吃某些植物，它们之间是否存在专一性？某些植物是它们的中间寄主？可探讨一下这些植物含有哪些特殊成分，或它们之间是如何协同进化或如何相适应的。

（二）植物对光因子生态反应的观察

建议观察山丘不同坡向上植物组成的变化，因为阴坡与阳坡在光照、热量条件方面的差异，会引起其他生态因子的变化，所以阴坡与阳坡的植物种类组成、植物群落结构往往相应地会有很大差别。可选择一个小山丘详细调查，考察植物种类组成及分布与光因子的关系。亦可考察林内及林缘植物与光因子的关系。在这里，可用"样线法"考察植物种类组成及植物群落结构概况。

（三）几种资源植物种群年龄组成的调查

不同年龄的个体在种群内的分布情况，是种群的重要特征之一。种群中不同年龄的个体数组成了种群的年龄结构，年龄结构越复杂，种群的适应能力就越强，可见年龄组成对于种群动态发展非常重要，可用来预测种群的发展趋势。调查时可设置若干个适当面积的样方，分别统计某种群各年龄级的株数，然后进行统计、比较和分析。

（四）植物种群的空间分布格局调查

一个种的个体与生物、非生物环境的相互关系会影响到种群个体的空间分布格局。通常分为均匀型、群聚型和随机型三类空间分布格局。可寻找分别属于这三种类型的种群并绘出分布图。

（五）××山植被地带性分布状况调查

在地球表面，热量随着纬度增高而减少、纬度降低而增多，水分一般是从沿海到内陆渐渐减少。在这种水热条件下，一方面植被类型随纬度变化而发生有规律的带状更替即纬向地带性；另一方面也随距海岸远近发生有规律的带状更替，即经向地带性。此外，随着海拔高度的增加，气候、水分、土壤条件也会发生有规律的变化，影响植被分布，即垂直地带性。综合考察以后，分析该地植被的特点。根据实习条件，可调查当地植被的类型并识别各群落的优势种。

附：专题性实习报告模板

题目：		
时间：	地点：	合作者：
使用工具：		
研究笔记：		
报告正文（前言、材料与方法、数据分析、结果与讨论、参考文献）：		
图、表附录：		

第5章 专题性研究论文范文

一、西天目山常见植物叶脉类型调查

刘路路　汪　智　郑诗芮　崔诗韵
华东师范大学生命科学学院 2015 年实习队

摘要　以西天目山采集而得的 173 种常见植物叶片为材料，研究每种植物一级脉、二级脉及三级脉的基本特征与其对应科的关联性。结果表明：某些脉序类型有其典型的科属分布，据此，可在一定程度上由植物脉序类型进行科属判断，以简化植物鉴定的过程。

关键词　西天目山；脉序；被子植物；分类学

1　前　言

天目山国家级自然保护区位于浙江省西北部临安城北，是一个面积约 4 300 hm² 的天然野生植物乐园。颇高的物种丰富度在为植物分类研究者提供了良好研究基地的同时，也给植物分类初学者带来挑战，大多数初学者往往热衷于逐页翻阅《天目山野外实习常见植物图集》，通过将实物与书中图片对照的方式识别植物。这种方法不仅耗费时间，而且由于不是系统地进行科学鉴定，对学习和掌握分类学知识具有很大的局限性。

为向植物初学者提供更多的有分类学价值的植物辨识依据，我们选择从脉序类型着手，寻找其中可能隐藏的规律。

2　材料与方法

2.1　研究材料

研究于西天目山进行，以在实习区域内所采集的常见植物为研究材料。利用手机拍摄叶脉照片并记录相关特征，每一种植物分别拍摄整体植株、叶片正面及叶片背面三张照片。

2.2　植物科属种的鉴定

针对不熟悉的植物，借助《天目山野外实习常见植物图集》、《天目山植物志》、《华东种子植物检索手册》进行检索，或向教师询问，确认植物的科属种。

2.3　脉序的划分

根据《叶结构手册》[1]，一级脉和二级脉是叶片的主要叶脉，三级脉则是处于二级脉之间的构成脉网结构的最粗的脉。（如图 5-1）

各类型脉序编号如下：

一级脉分为两类：羽状：指叶或小叶只有单一的一级脉 (A)；掌状：指叶有三条或更多的基出脉 (B)。

二级脉是在一级脉上发出的最粗的分支，主要有 4 类：粗二级脉达于叶缘 (a)；粗二级脉及其分支均不达叶缘 (b)；粗二级脉形成环状结构且不达叶缘 (c)；混合型，常含两种及以上特征 (d)。

三级脉可以区分为三类：分支脉 (α)，三级脉分支但没有形成网；贯穿脉 (β)，三级脉贯穿于上下相邻的两条二级脉之间；网状脉 (γ)，三级脉与其他二级脉相连，构成网状结构。

由于照片清晰度的限制，三级脉以下的具体脉形较为模糊，我们不能再通过照片进行分类和鉴定，因此我们的分类到三级脉为止。

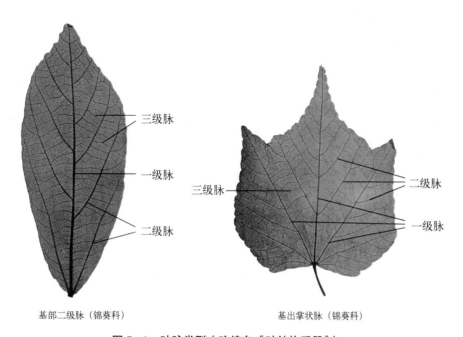

基部二级脉（锦葵科）　　　　基出掌状脉（锦葵科）

图 5-1　叶脉类型（改编自《叶结构手册》）

2.4 脉序分类

依据脉序模式，寻找各种植物所对应的脉序类型，再进行科属归类分析。

3 调查结果

利用拍摄的300多张照片分析比较，筛选、整理出173种植物的脉序类型，见表5-1。代表植物的脉序见图5-2。

表5-1 天目山常见植物的脉序类型

科 名	种 名	脉序类型	科 名	种 名	脉序类型
八角枫科	八角枫	Aaα	菊科	泥胡菜	Aaβ
唇形科	金疮小草	Aaα	菊科	香丝草	Aaβ
海桐花科	海金子	Aaα	壳斗科	褐叶青冈	Aaβ
毛茛科	柱果铁线莲	Aaα	壳斗科	青冈栎	Aaβ
毛茛科	还亮草	Aaα	马鞭草科	海州常山	Aaβ
木犀科	木犀	Aaα	槭树科	建始槭	Aaβ
葡萄科	青龙藤	Aaα	蔷薇科	棣棠	Aaβ
蔷薇科	蛇莓	Aaα	蔷薇科	山莓	Aaβ
伞形科	窃衣	Aaα	茄科	龙葵	Aaβ
伞形科	紫花前胡	Aaα	忍冬科	刚毛荚蒾	Aaβ
省沽油科	野鸦椿	Aaα	忍冬科	蝴蝶戏珠花	Aaβ
玄参科	匍茎通泉草	Aaα	忍冬科	苦糖果	Aaβ
榆科	糙叶树（图5-2-1）	Aaα	忍冬科	壮大荚蒾	Aaβ
紫堇科	小花黄堇	Aaα	苋科	牛膝	Aaβ
唇形科	野芝麻	Aaβ	荨麻科	庐山楼梯草	Aaβ
大戟科	野梧桐	Aaβ	荨麻科	悬铃叶苎麻	Aaβ
大戟科	叶下珠	Aaβ	樟科	华东楠	Aaβ
虎耳草科	落新妇	Aaβ	败酱科	败酱	Aaγ
虎耳草科	钻地风	Aaβ	唇形科	南丹参	Aaγ
桦木科	雷公鹅耳枥（图5-2-2）	Aaβ	胡桃科	青钱柳	Aaγ
桦木科	桤木	Aaβ	旌节花科	旌节花	Aaγ
金缕梅科	红花檵木	Aaβ	木兰科	黄山木兰	Aaγ
堇菜科	七星莲	Aaβ	槭树科	青榨槭	Aaγ

科　名	种　　　名	脉序类型	科　名	种　　　名	脉序类型
蔷薇科	金樱子	Aaγ	山茱萸科	叶上珠	Abβ
蔷薇科	蓬蘽	Aaγ	鼠李科	多花勾儿茶	Abβ
无患子科	栾树	Aaγ	卫矛科	扶芳藤	Abβ
五味子科	南五味子	Aaγ	紫草科	盾果草	Abγ
荨麻科	透茎冷水花	Aaγ	菊科	多裂翅果菊	Acα
榆科	红果榆	Aaγ	菊科	三脉紫菀	Acα
榆科	榉树	Aaγ	罂粟科	博落回（图5-2-8）	Acα
唇形科	风轮菜	Abα	八角枫科	三裂瓜木	Acβ
唇形科	舌瓣鼠尾草	Abα	报春花科	过路黄	Acβ
杜仲科	杜仲	Abα	杜鹃花科	映山红	Acβ
胡桃科	化香树	Abα	姜科	山姜	Acβ
菊科	千里光	Abα	爵床科	少花马蓝	Acβ
龙胆科	双蝴蝶	Abα	蓼科	杠板归	Acβ
漆树科	盐肤木（图5-2-3）	Abα	蓼科	金线草	Acβ
蔷薇科	绒毛石楠	Abα	马鞭草科	华紫珠	Acβ
茄科	假酸浆	Abα	忍冬科	忍冬	Acβ
伞形科	水芹	Abα	忍冬科	下江忍冬	Acβ
十字花科	弹裂碎米荠	Abα	桑科	桑	Acβ
樟科	山胡椒	Abα	桑科	小构树	Acβ
八角枫科	瓜木	Abβ	天南星科	半夏	Acβ
大戟科	山靛	Abβ	透骨草科	透骨草	Acβ
大戟科	油桐	Abβ	卫矛科	丝绵木	Acβ
胡桃科	山核桃	Abβ	卫矛科	卫矛（图5-2-9）	Acβ
胡颓子科	胡颓子	Abβ	五加科	楤木	Acβ
壳斗科	青冈	Abβ	樟科	豹皮樟	Acβ
葡萄科	乌蔹莓	Abβ	樟科	红脉钓樟（图5-2-10）	Acβ
蔷薇科	软条七蔷薇	Abβ	安息香科	小叶白辛树	Acγ
忍冬科	半边月（图5-2-4）	Abβ	唇形科	绵穗苏	Acγ
山茱萸科	灯台树（图5-2-5）	Abβ	虎耳草科	浙江山梅花	Acγ
山茱萸科	四照花	Abβ	金缕梅科	枫香	Acγ

科　名	种　　　名	脉序类型	科　名	种　　　名	脉序类型
桔梗科	羊乳	Acγ	牻牛儿苗科	野老鹳草	Baα
菊科	大蓟	Acγ	毛茛科	天葵	Baα
蓼科	虎杖	Acγ	葡萄科	爬山虎	Baα
马钱科	醉鱼草	Acγ	蔷薇科	龙芽草	Baα
木兰科	华中五味子	Acγ	蔷薇科	周毛悬钩子	Baα
木通科	木通	Acγ	伞形科	鸭儿芹（图5-2-14）	Baα
木通科	三叶木通	Acγ	荨麻科	青叶苎麻	Baα
蔷薇科	寒莓	Acγ	唇形科	活血丹	Baβ
蔷薇科	迎春樱桃	Acγ	金缕梅科	檵木	Baγ
清风藤科	鄂西清风藤	Acγ	菊科	假福王草	Baγ
三白草科	鱼腥草	Acγ	菊科	牛蒡	Baγ
桑科	葡茎榕	Acγ	菊科	南方兔儿伞	Baγ
省沽油科	省沽油	Acγ	壳斗科	麻栎	Baγ
卫矛科	大芽南蛇藤	Acγ	茜草科	鸡矢藤	Baγ
五加科	葡匐五加	Acγ	商陆科	美洲商陆（图5-2-15）	Baγ
五加科	五加	Acγ	小檗科	六角莲	Baγ
玄参科	天目地黄（图5-2-11）	Acγ	小檗科	南天竹	Baγ
玄参科	玄参	Acγ	玄参科	波斯婆婆纳	Baγ
榆科	朴	Acγ	葫芦科	绞股蓝	Bbα
樟科	红果钓樟	Acγ	金丝桃科	元宝草	Bbα
樟科	红楠	Acγ	金粟兰科	宽叶金粟兰	Bbα
豆科	山蚂蝗	Adγ	木犀科	苦枥木	Bbα
菊科	莴苣	Adγ	伞形科	天胡荽	Bbα
蔷薇科	杏（图5-2-12）	Adγ	榆科	榔榆	Bbα
忍冬科	枇杷叶荚蒾	Adγ	百合科	牛尾菜	Bbβ
葫芦科	南赤爮	Baα	伞形科	大叶柴胡（图5-2-7）	Bbβ
虎耳草科	虎耳草	Baα	荨麻科	糯米团	Bbβ
菊科	蒲儿根（图5-2-13）	Baα	胡颓子科	毛木半夏	Bbγ
蓼科	何首乌	Baα	槭树科	苦茶槭	Bbγ
马鞭草科	单花莸	Baα	五加科	中华常春藤（图5-2-6）	Bbγ

科　名	种　　　名	脉序类型	科　名	种　　　名	脉序类型
荨麻科	毛花点草	Bbγ	桑科	柘	Bcγ
酢浆草科	酢浆草	Bbγ	薯蓣科	薯蓣	Bcγ
百合科	菝葜（图5-2-16）	Bcγ	紫葳科	凌霄	Bcγ
夹竹桃科	络石	Bcγ			

注：A 羽状，B 掌状，a 粗二级脉达于叶缘，b 粗二级脉及其分支均不达叶缘，c 粗二级脉形成环状结构且不达叶缘，d 混合型，α 分支脉，β 贯穿脉，γ 网状脉。

4　小　结

通过对天目山173种常见植物的采集、鉴定和分类统计等工作，大致总结出以下几点：

（1）大部分植物（76%）的脉序为羽状脉，掌状脉只有24%。

（2）二级脉序中，粗二级脉达于叶缘的最多，占48%，其次是粗二级脉形成环状结构且不达叶缘的占29%，粗二级脉及其分支均不达叶缘的占22%，混合型脉序极少。

（3）三级脉序中，贯穿脉和网状脉各占约37%，分支脉占26%。

（4）脉序类型在植物科的水平上，山茱萸科主要为Abβ，荨麻科主要是Aaβ，卫矛科主要是Acβ，其他科未发现明显的规律。在属的水平上，不少属具有独特的脉序类型，如忍冬科荚蒾属多为Aaβ，木通科木通属、五加科五加属多为Acγ。

以上结果仅基于天目山常见植物，希望能为后续学生植物实习中物种的鉴定提供参考。

参考文献

[1]　贝斯·爱丽丝，等.叶结构手册［M］.谢淦等，译.北京：北京大学出版社，2012.

教师点评：作者通过本课题的研究，锻炼了对植物种类、形态的识别能力，学习了课堂中没有讲授的脉序分类知识，通过实地采集、测量和照片的拍摄，分析归纳出脉序在分类中的作用和在某些植物科中的分布规律。课题选题新颖，工作量大，在研究过程中得到了多方面的能力锻炼。不足之处表现在收集到的物种数量明显不足，一些种类的脉序归类的准确性值得推敲，因而获得的结果也就有局限性。另外，论文中的植物种名应配上对应的学名。

1 糙叶树 Aaα，2 雷公鹅耳枥 Aaβ，3 盐肤木 Abα，4 半边月 Abβ，5 灯台树 Abβ，6 中华常春藤 Bbγ，7 大叶柴胡 Bbβ，8 博落回 Acα，9 卫矛 Acβ，10 红脉钓樟 Acβ，11 天目地黄 Acγ，12 杏 Adγ，13 蒲儿根 Baα，14 鸭儿芹 Baα，15 美洲商陆 Baγ，16 菝葜 Bcγ

图5-2　几种代表植物的脉序

二、中华常春藤叶着生与侧芽关系的研究

李 琳 焦璐颖 次仁白玛 曲泽清
华东师范大学生命科学学院 2015 年实习队

摘要 本文对中华常春藤在同一个节上生多片叶、单叶无芽和叶柄凸起的现象进行深度研究。利用徒手切片法和临时水装片法，在解剖镜及显微镜下观察拍照，发现叶腋处的叶是腋芽的第一片叶，而该腋芽并未进一步发育，从而造成了一个节上着生多个叶片的情况。另外，中华常春藤的侧芽的发育不同于普通侧芽在叶分化后叶柄基部与茎尖相对分离的情况，中华常春藤叶从茎尖生长点分化出来后，叶柄基部是覆盖在顶端生长点的上部的，因此看起来侧芽是从叶柄的中间长出来的一样。

关键词 中华常春藤；叶着生方式；侧芽

1 前 言

中华常春藤 *Hedera nepalensis* K. Koch. var. *sinensis* (Tobler) Rehder 为五加科多年生常绿木质攀缘藤本，茎灰棕色或黑棕色，光滑；以气生根攀缘，幼枝疏生锈色鳞片。单叶互生，无托叶，营养枝上的叶常为三角状卵形。中华常春藤分布广泛，常攀缘于树木、林下路旁、岩石和房屋墙壁上，是常见的城市垂直绿化品种[1, 2]。

在此次天目山实习过程中，我们观察到一些中华常春藤的侧枝的分枝方式十分独特。通常在叶互生的情况下，一个节上长有 1 片叶，每个叶片的叶腋处有 1 个腋芽，或生长，或休眠。而我们所见到的一个节上存在多片叶，一些叶的叶腋里面没有芽，却长了 1 片叶（图 5-3-A）。而且我们观察到藤上有叶脱落后留下的叶痕，上方只有一片叶却没有看到芽（图 5-3-B）。还有些叶，叶柄处有一个凸起（图

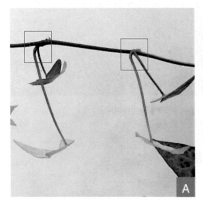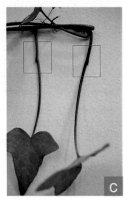

A：叶腋里着生 1 片叶；B：一片叶的外侧基部有叶片脱落的痕迹；C：叶柄中间部分有凸起

图 5-3 几种异常的中华常春藤叶的着生形态

5-3-C），不知道是什么结构。

这些现象引起了我们的兴趣，查阅相关文献[2]，仅有中华常春藤单叶互生的描述，并未找到对其分枝方式、叶腋中长的叶与腋芽的关系这些问题的叙述，所以我们决定对这些现象进行探究。

2 材料与方法

中华常春藤材料获得：在天目山保护区缓冲区内中华常春藤较多的地方，如墙壁、树干、山坡等地方进行标本采集，并对所采标本进行适当挑选以备实验所需。

徒手切片和显微照相：用安全刀片，对材料进行横切和纵切，利用间苯三酚染色，然后制作水封片在显微镜（Motic）下对其进行观察，利用数码相机进行拍照记录。

3 结果及分析

我们主要通过维管束来区别和鉴定植物组织的发育走向。通过间苯三酚染色，将细胞壁被木质素加厚的部分染成棕红色，可以分辨出明显的维管组织。我们对叶柄突起部分的上下段均做了横切，对叶柄突起部分的稍微膨大未伸出叶柄、膨大且未伸出叶柄、膨大明显伸出叶柄三种情况做了凸起部分的纵切。然后制作水封片在显微镜下对其进行观察，拍照记录。

3.1 叶柄的横切研究

叶柄的横切结果表明，中华常春藤的叶柄凸起上部横切面中含有五个明显的维管束，且这五个维管束为分散的具有对称性的初生结构，且其髓射线明显，出现韧皮部，没有韧皮纤维（图5-4-A）。从有凸起部分的叶柄下部柱状体的横切图（图5-4-B）中可以看出，此处也含有五个明显的维管束，五个维管束为分散的初生结构，它的束间纤维的位置被间苯三酚染成红色，为机械组织。从凸起部分上下的横切图看，两者均有五个明显的维管束，且均为分散的初生结构。但两者之间也存在不同之处：叶柄下部有明显的机械组织。从这点可以看出，叶柄下部的支撑力度比上部更大。一般来说叶柄处是不需要细胞壁的木质素加厚的，而茎往往具有明显的束间纤维（图5-4-C）。因此叶柄下部细胞具有一定的茎的特征，还需要通过进一步研究叶原基的发育过程来证明。

3.2 凸起部位的纵切研究

从三个不同时期的凸起部分纵剖图中（图5-5），我们可以看出凸起结构的内部其实是芽，在这三幅图中，我们能看到芽的生长锥及其外面包被的一层起保护作用的组织，从图5-5-A，B中可以看到，嫩芽是包在叶柄基部内的，发育一段时间后，芽会向叶柄的一侧生长。从图5-5-C中我们可以看出，成熟的芽会伸出叶柄，此时芽与叶柄才会分离。因此，该凸起下方与叶柄相似的组织应该是茎。

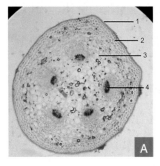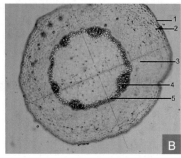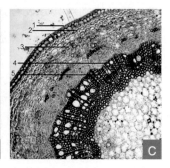

A：凸起的上部；B：凸起的下部；C：茎的横切。1表皮，2皮层厚角组织，3皮层薄壁细胞，4维管束，5束间纤维

图5-4　叶柄及茎的横切

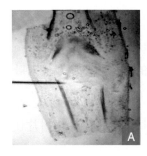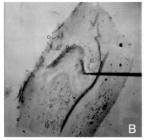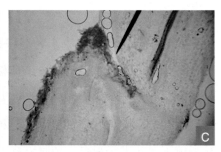

A：芽在中部；B：芽在边缘一侧；C：芽已经露出

图5-5　凸起部分的纵切

4　结论与展望

在天目山野外实习过程中，我们发现了中华常春藤会出现在同一节上生长多片叶、单叶无芽和叶柄凸起的现象。围绕此现象开展研究，得出结论如下：

（1）叶柄凸起部分上部只有初生结构，下部的维管组织中出现了次生结构。

（2）叶柄中的凸起部分为芽，凸起下部的柄实际上是茎。

（3）叶腋中出现的另一片叶其实是由腋芽的顶端生长形成的第一片叶。

（4）中华常春藤早春的侧芽分化方式特殊。新分化出的叶片基部将芽的茎尖生长点包裹起来，导致在一定时期的叶片基部，不能够看到明显的侧芽，因此经常能够看到簇生的叶和没有侧芽的叶。本研究结果生动地说明，自然状态下植物生长发育的多变性。

从以上研究结果看，仍有一个疑问，即叶柄内部的芽是由于叶片发育过程中叶柄细胞没有完全从茎尖生长点分离，导致该生长点保持藏在叶柄内部的状态，还是原来芽的生长点已经死亡，我们所观察到的在叶柄基部的芽是新形成的侧芽？后者是一种合轴分枝的生长形式。若想进一步弄清楚中华常春藤在早春侧芽的分枝情况属于以上哪一种，需要进一步在更早时期，以及此后连续观察中华常春藤侧芽的分化过程，才能确定。

参考文献

[1] 王幼芳，李宏庆，朱瑞良. 天目山野外实习常见植物图集 [M]. 上海：华东师范大学出版社，2012.
[2] 李秀芬，张德顺，王小青，等. 中华常春藤应用概述 [J]. 山东林业科技，2002 (3)：39—40.

教师点评：植物叶的着生和茎的分枝方式是植物形态描述中的重要组成部分，但在植物学课程学习中仅被简单提及。作者通过细心观察发现了中华长春藤的一个节上着生多个叶片，有叶无芽和叶柄凸起等特殊结构和现象，并利用植物解剖学方法进行了较为详尽的研究，得出叶腋处的叶是腋芽的第一片叶的结论。作者将已学知识和掌握的实验技能用于科学研究，对自然生长的植物形态的多样性有了更深刻的认识，达到了较好的野外实习教学效果。但叶腋处的芽及叶柄中部凸起处的芽两者之间的关系没有阐述清楚。

三、公路开发对西天目山缓冲带植物群落组成及多样性的影响

汪岱华　张雯婧
华东师范大学生命科学学院 2008 年实习队

摘要　本研究选取毗邻公路的林缘样地和距公路 50 m 以外的林中样地，通过分析两类样地的优势种，比较两类样地的物种丰富度、多样性指数、优势集中性指数和均匀性指数对两类样地的群落特征、物种多样性进行了研究。结果表明：（1）藤本植物为林缘样地的主要优势植物；草本植物为林中样地的主要优势植物。（2）灌木草本层的物种多样性指数、均匀性指数、优势集中性指数是林缘样地＞林中样地；乔木层的物种多样性指数、均匀性指数是林缘样地＞林中样地，优势集中性指数是林缘样地＜林中样地。

关键词　公路；生物多样性；群落特征

1　前　言

随着自然资源和旅游资源利用的日趋深入，公路开发成为自然保护区内植被受人为干扰的重要因素。在工程施工和公路营运过程中，不可避免地要穿越不同的生

态区域（如山区、平原、水域等），扰乱原有景观，施工过程中的山体切削和道路在林中穿越，必将砍伐部分树木，而大量的人流和车流的进入，对乔木层、灌木层和草本层的破坏尤为明显，使局部群落的生物多样性降低[1, 2]。

西天目山植物资源丰富，是地球上不可多得的天然基因库。由于多年来旅游和公路开发等人为干扰，使得南坡低海拔地段中发育较好、成片的天然状态的常绿阔叶林几乎消失，取而代之的是被环山公路切断的带片状阔叶林。国内对西天目山环境的调查多为天目山植被普查性质的研究，且大多发表于20世纪90年代[3]，而通过调查物种多样性来反映人为干扰对西天目山植被影响的文章尚属鲜见。

本文对西天目山毗邻公路的林缘样地和远离公路的林中样地进行实地调查，对其路域生态系统中植被的物种多样性进行分析研究，为西天目山的公路开发和路域生态系统中植被的保护提出一些建议。

2 材料与方法

2.1 研究地区自然概况

西天目山位于浙江省西北部，北纬30°20′，东经119°25′，面积4 284 hm²，是皖南黄山山脉的分支，最高海拔1 506 m，呈现悬崖峭壁，山势陡峻的地形地貌。土壤以红壤、黄壤、棕黄壤为主。西天目山地处中亚热带北缘向北亚热带的过渡地带，气候属于亚热带季风气候区，年季节变化较显著，年均温15.8℃～8.9℃，雨量充沛，年降水量1 390～1 870 mm；相对湿度大[4]。

2.2 研究方法

2.2.1 样地的设置

样地的选择采用典型选样法。设置2个20 m×20 m的林中样地，样地内梅花点法取5个5 m×5 m的样方；设置2个50 m×5 m的林缘样地，样地内线带法每隔5 m取一个5 m×5 m的样方（共5个）。调查记录乔木层树种的植物名称、胸径、高度、冠幅，灌木和草本植物的名称、株数（丛数）、平均高度、覆盖度、聚生程度，对乔木层、灌木草本层进行分层统计。在调查的同时，使用全球定位系统（GPS）对调查样地定位，并记录各样地的坡度、坡向、海拔等，参数见表5-2。

2.2.2 数据的统计方法

2.2.2.1 重要值

分别计算乔木层和灌木草本层的各物种重要值，计算公式为[5]：

表 5-2　样地环境特征

样地号	海　拔	经　度	纬　度	坡　向
林中样地 1	373 m	N30°19. 514′	E119°26. 465′	东偏南 30°
林中样地 2	395 m	N30°19. 536′	E119°26. 485′	南偏西 5°
林缘样地 1	394 m	N30°19. 711′	E119°27. 024′	正东
林缘样地 2	381 m	N30°19. 515′	E119°26. 926′	西偏北 10°

乔木层的重要值：IV ＝（相对频度 ＋ 相对密度 ＋ 相对胸径断面积）／ 3

灌木草本层的重要值：IV ＝（相对频度 ＋ 相对密度）／ 2

2.2.2.2 多样性指数

依据物种多样性测度指数应用的广泛程度，以及对群落物种多样性状况的反映能力，本文选取以下 4 种多样性指数来测度和分析群落物种多样性特征 [6]：

（1）丰富度（S）：指样地内所有物种数目。

（2）Shannon-Winner 指数（H′）：$H' = -\sum_{i=1}^{s} P_i \ln P_i$

式中：$P_i = N_i / N$ 是群落中第 i 个物种的个体数量占群落中总个体数的比例，N_i 为第 i 个物种的个体数量，N 为群落个体总数。

（3）Pielou 指数（J）：$J = H' / H'_{max}$

式中：H'_{max} 为 H' 的最大理论值，即群落内各个物种均以相同比例存在时的 H' 值。

（4）Simpson 指数（D）：$D = 1 - \sum_{i=1}^{s} \left(\frac{n_i}{N}\right)^2$

式中：n_i 为第 i 个优势种在群落中的重要值；N 为群落的总重要值。

2.2.3　数据分析方法

数据运用 Microsoft Office Excel 2007 统计软件 [7]。

3　结果与分析

3.1　林缘样地与林中样地植被群落结构的分析比较

通过分别计算 4 个样地中乔木层和灌木草本层各物种的重要值，选取每块样地中乔木层和灌木草本层位于前三位的优势物种进行分析比较（表 5-3）。结果表明，林缘样地 2 及林中样地 1 的乔木层中杉木为主要优势种。而林缘样地 1 及林中样地 2 的乔木层首位优势种与次位优势种、次位优势种与前三位优势种重要值差异较小（＜ 5%）。灌木草本层优势种的分布特征显示，藤本植物如中华常春藤在林缘样地中均为优势种，而在林中样地的优势种中藤本植物明显少于林缘样地。林缘样地

表 5-3　林缘样地和林中样地乔木层和灌木草本层主要物种的重要值

样地类型	乔　木　层		灌木草本层	
	种　名	重要值(%)	种　名	重要值(%)
林缘 1	榧树 *Torreya grandis*	21.85	扶芳藤 *Euonymus fortunei*	11.78
	枫香 *Liquidambar formosana*	17.56	中华常春藤 *Hedera nepalensis* var. *sinensis*	10.10
	马尾松 *Pinus massoniana*	15.30	刚竹 *Phyllostachys sp.*	7.90
林缘 2	杉木 *Cunninghamia lanceolata*	24.89	绞股蓝 *Gynostemma pentaphyllum*	8.62
	棕榈 *Trachycarpus fortunei*	10.53	吉祥草 *Reineckea carnea*	7.67
	枫香 *Liquidambar formosana*	10.12	中华常春藤 *Hedera nepalensis* var. *sinensis*	6.72
林中 1	杉木 *Cunninghamia lanceolata*	26.01	中华孩儿草 *Rungia chinensis*	15.92
	毛竹 *Phyllostachys edulis*	14.62	寒莓 *Rubus buergeri*	9.05
	棕榈 *Trachycarpus fortunei*	12.41	吉祥草 *Reineckea carnea*	8.81
林中 2	青钱柳 *Cyclocarya paliurus*	20.38	扶芳藤 *Euonymus fortunei*	13.14
	三角槭 *Acer buergerianum*	17.84	青龙藤 *Parthenocissus laetevirens*	8.33
	柳杉 *Cryptomeria fortunei* var. *sinensis*	15.42	显子草 *Phaenosperma globosa*	6.08

藤本植物优势明显的原因可能为公路开发破坏了原有的植物分布，导致部分土地裸露，裸露的土地被抗干扰性强、生长快、适应性强、广生态幅的藤本植物占据。

3.2　林缘样地与林中样地植被多样性的分析比较

野外调查结果统计（见表 5-4、表 5-5）表明，林缘样地的植物总数及物种丰富度大于林中样地，其中灌木草本层尤为明显，多样性指数均高于林中样地。分析其原因可能为随着林缘样地冠层的消失，透射入林缘的侧光增加，充足的阳光促进灌木和草本植物的光合作用，促进需光种子的萌发；林缘较好的热量条件有利于灌木和草本植物生长发育，从而提高了物种丰富度。

与之相反，虽然林缘样地的乔木层多样性指数及均匀性指数高于林中样地，但优势集中性指数 D 却低于林中样地，表现为林中乔木的丰富度较高。这可能与公路的建设和大量人流及车流的进入使乔木幼苗对环境的抵抗能力下降有关。在公路建设过程中，应遵循保护自然的原则，采用生态工程的技术，对于乔木层进行调查统计，适当引入树苗，建立稳定的生态系统，实现该地区的可持续发展。

表 5-4　林缘样地和林中样地的植物物种丰富度

样　　地	植物总株数	物　种　数	乔木层物种数	灌木草本层物种数
林缘样地 1	706	58	9	49
林缘样地 2	865	61	13	48
林中样地 1	872	45	13	32
林中样地 2	561	56	11	45

表 5-5　林缘样地和林中样地的多样性指数

生物多样性	生　活　型	林　　缘	林　　中
多样性指数（H）	乔木层	2.19±0.30	2.01±0.10
	灌草丛	3.04±1.05	2.78±0.32
均匀性指数（J）	乔木层	0.92±0.03	0.81±0.08
	灌草丛	0.78±0.04	0.76±0.04
优势集中性指数（D）	乔木层	0.14±0.04	0.19±0.05
	灌草丛	0.93±0.02	0.90±0.03

参考文献

[1]　程占红，张金屯，上官铁梁，等. 芦芽山自然保护区旅游开发与植被环境的关系. 生态学报，2002，22（10）：1765—1773.

[2]　吴甘霖，黄敏毅，段仁燕，等. 不同强度旅游干扰对黄山松群落物种多样性的影响. 生态学报，2006，26（12）：3924—3930.

[3]　陈冬基. 西天目山自然保护区森林垂直带的定量分析. 浙江林学院学报，1992，9（1）：14—23.

[4]　汤孟平，周国模，施拥军，等. 天目山常绿阔叶林群落最小取样面积与物种多样性. 浙江林学院学报，2006，23（4）：357—361.

[5]　邓贤兰，龙婉婉，许东风，等. 井冈山自然保护区福建柏群落的研究. 热带亚热带植物学报，2008，16（2）：128—133.

[6]　李宗善，唐建维，郑征，等. 西双版纳热带山地雨林的植物多样性研究. 植物生态学报，2004，28（6）：833—843.

[7]　刘雨芳. EXCEL 在群落生物多样性参数计算中的应用. 湘潭师范学院学报（自然科学版），2003，25（2）：80—82.

教师点评：本文采用植物生态学研究方法，研究西天目山自然保护区内修建公路前后植物物种多样性和组成的差别。作者能关注到植物与环境之间的关系，研究结果从理论上揭示出修建公路后物种多样性发生的变化，并提出合理性的建议。论文选题新颖，贴近现实，研究方法正确，写作规范，是一篇较好的研究性论文。

四、青荚叶叶片解剖结构及传粉行为的观察

陆增绍　向婷婷　许　彤　陆祎婧
华东师范大学生命科学学院 2015 年实习队

摘要　青荚叶（*Helwingia japonica*）是山茱萸科落叶灌木，雌雄异株，由于其叶上生花的特殊现象而被关注。本研究通过对浙江天目山的青荚叶进行实地考察，并进行其叶片解剖特征和传粉习性的观察，分析了青荚叶的叶片解剖结构，特别是叶上生花部位的维管结构特征，以及传粉特点。

关键词　叶上生花；维管结构；传粉；天目山

1　前　言

青荚叶（*Helwingia japonica* (Thunb.) F. Dietr.）是山茱萸科一种雌雄异株的落叶灌木。叶纸质，卵形、卵圆形、稀椭圆形，两面无毛，先端渐尖，极少数先端为尾状渐尖，叶基部阔楔形或近于圆形，边缘具刺状细锯齿[1]。青荚叶初夏开花，花朵小，黄绿色，花瓣 3～5 枚，镊合状排列，生于叶面中央的主脉上，雄花 6～12 朵，呈伞形花序，稀生于枝上，雄蕊 3～5 枚，与花瓣交互排列；雌花 1～4 朵，聚生于叶面中脉之上，有 1～2 mm 的花梗，有的无花梗；子房下位，3～5 室，胚珠单生，倒垂。青荚叶果实为浆果状核果，成熟后为黑色[2]。

叶是进行光合作用和蒸腾作用的主要场所，是种子植物制造有机养料的主要营养器官。而花是适应于繁殖功能的变态枝条。通常情况下，花通过花柄着生于叶腋处，但青荚叶花朵生于叶片中央主脉上，这种花朵生长方式非常特别，其花梗维管组织怎样与叶片部分相连接？传粉习性上具有什么特殊性？为此，我们对浙江天目山的青荚叶进行了叶片解剖结构和传粉行为的观察。

2　材料与方法

2.1　材料

采自浙江省天目山国家级自然保护区，生长状况良好的青荚叶植株。

2.2 方法

实地观察青荚叶生态环境特点及访花昆虫；取样本叶片，包括雌株和雄株、生花和不生花的植株分别装在封口袋中，并标记。用双面刀片进行叶片的横切观察，切片从叶柄基部依次切到叶尖，利用间苯三酚染色制成临时装片，染色 1～2 min，显微镜观察，相机拍照记录结果。

3 结 果

3.1 生长习性

青荚叶喜生活于乔木林下，相对较为阴暗的环境中，不喜阳光直射。雌雄异株，雄株分布较雌株密集，但在雄株分布附近（约相距 10～20 m 处）总会有雌株分布。

3.2 宏观形态特征

观察发现雄花花梗纤细、较长，花易掉落（图 5-6：A）；雌花花梗粗大、较短，花一般不易掉落，确保了花朵的结果率（图 5-6：B）。叶上生花的叶片从叶脉基部到花着生点处的中脉明显较不长花的叶片的中脉粗大，花着生点到叶尖处的中脉则无明显粗大现象。研究过程中发现，青荚叶叶片边缘分布有较多的芒状齿结构，芒由腺体构成，在体视镜下观察到芒具有特殊的颜色（图 5-6：C）。我们猜测这可能与刺激相应访花昆虫的视神经，吸引其传粉有关。

3.3 叶片解剖结构

我们观察了叶柄、叶柄到花着生点之间（靠近花着生点）、花着生点以及花着生点到叶尖之间四个位置的切片（图 5-6：D、E、F、G）。叶柄处维管束排成 3/4 椭圆形，腹面半椭圆中部没有维管结构，木质部与韧皮部内外排列，叶柄中央为薄壁细胞（图 5-6：D）。叶柄到花着生点之间的维管结构发生渐变，随着到花着生点距离越来越近，整个维管结构由椭圆变为"D"字形，腹面维管结构"一"字形（约占原维管组织的 1/3）并逐渐形成短弧形，背面维管结构长弧形（约占原维管组织的 2/3），并且腹面维管结构两端逐渐与背面维管结构分离，背腹面维管结构之间距离逐渐增大（图 5-6：E）。花着生点的维管结构渐变，短弧形维管结构伸向花柄为花柄维管束，长弧形维管结构伸向叶尖为主脉（图 5-6：F）。花着生点到叶尖之间仅有长弧形维管结构，呈宽的"一"字形（图 5-6：G）。

3.4 传粉特点

野外观察发现，青荚叶通常生长在植物种类多样、植被密集的自然区域中，通风性较差，且不利于鸟儿飞行，从而排除了其风媒和鸟媒的传粉方式，猜测可能是虫媒传粉。通过实地观察和记录，观察到有蚂蚁、蝴蝶和飞蛾等昆虫访问青荚叶花朵（图5-6：H、I、J、K），基本证实青荚叶应该为虫媒传粉的猜测。同时观察发现蚂蚁在所有访花昆虫中出现得最为频繁。

4 讨 论

青荚叶雌雄异株，雄株较雌株数量多，这样的数量关系与其他被子植物两性花中雄蕊普遍多而雌蕊较少的特征相符。这样保证了充足的花粉来源，从而以保障结实的成功率。同时野外观察发现雄花花柄细长而雌花花柄较粗短，这样的特征具有的进化意义可能在于：雄花花柄细长可以使得较多的花朵有足够的空间集中生长于一点，并较为分散在不同方向，从而吸引更多的昆虫；而雌花花柄粗短，这样可以保障结实后比较坚实地生长在叶片之上，从而提高坐果的成功率。

观察到生花叶的中脉基部较不生花叶更粗大，起初我们猜想有两种可能性：其一，该部位中脉粗大是由于花柄与叶柄两者表面愈合，简言之即两者紧贴在一起，其内部维管束并没有愈合。其二，该部位花柄与叶柄完全愈合，即共用一套维管束，之后在靠近花着生点处维管束一分为二。一套维管束继续沿中脉延伸；另一套维管束向上生长，凸出叶表面，成为花柄来支持花朵。而解剖实验证明花柄与叶柄完全愈合，共用一套维管束。在胡超等[3]的研究中发现，叶柄内髓的存在表明其结构具有茎的特点，形成这种独特的结构，取决于生物演化上花是适应于生殖的变态的枝条。在花着生点处维管束一分为二：一套维管束沿中脉延伸，为尖端部分的叶片提供营养和支持；另一套维管束向上生长，形成花柄，为花的发育成熟及果的发育成熟提供营养和支持。

青荚叶为虫媒传粉，叶片为昆虫提供了"停飞坪"。邹奎等[4]认为花色能影响传粉昆虫的访花行为，且不同色系的花与不同目的昆虫在数量上存在很强的相关性。青荚叶的访花昆虫多数为膜翅目，可能是叶片边缘芒尖上的颜色提供了一定的"信号灯"，为访花昆虫提供了指引，可能增加昆虫的访花率。

通过本实验的观察仍有问题未解决：在研究过程中我们初步发现生花的叶片在形态与空间分布上与其他叶片没有明显区别，但是我们缺少叶片形态学的数据来说明叶上生花的发生与叶片的某些特征是否有关系或是随机的。同时，叶边缘的芒具有特殊的颜色，我们猜想这可能与刺激相应访花昆虫的视神经有关，但并没有做将芒尖去除后访花昆虫是否有变化的对照试验来予以确定。

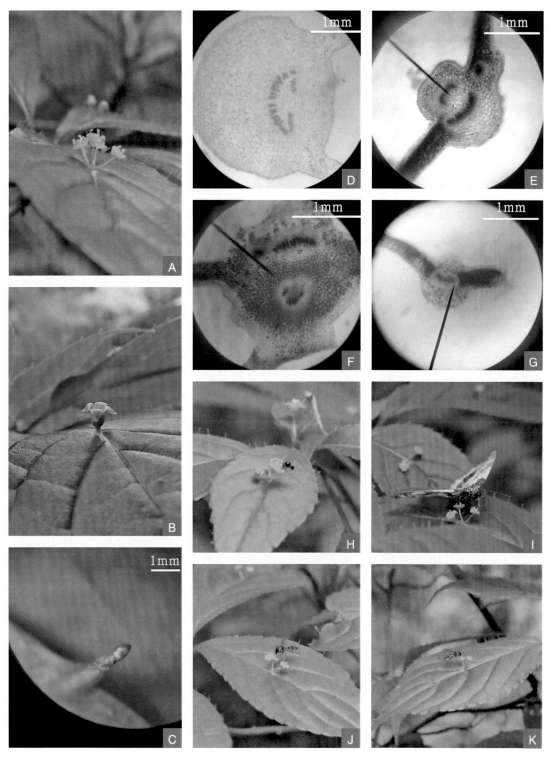

A：雄花；B：雌花；C：叶先端芒尖；D～G：叶片不同部位解剖；H～K：昆虫访花

图 5-6　青荚叶开花特性及叶主脉维管结构观察

参考文献

[1] 陈炳华. 观赏实验两相宜——青荚叶. 植物杂志, 2002, (1): 31.

[2] 孙骋. 青荚叶的形态学观察及其几个基因的初步研究. 武汉: 华中农业大学, 2013.

[3] 胡超, 丁春邦, 等. 植物节外生枝与叶上开花现象的形态解剖研究. 四川农业大学学报, 1997, 15 (3): 307—310.

[4] 邹奎, 黄胜君. 东北地区植物花色类别与传粉者之间的相关性. 辽东学院学报 (自然科学版), 2014, 21 (2): 112—114.

教师点评: 青荚叶的叶上生花现象非常特别, 学生对这一不同于大众植物的开花现象产生了兴趣, 希望能了解青荚叶花和叶片的连接方式, 并了解该植物的传粉特征。作者通过对植物宏观形态的细心观察以及叶片切片的观察, 对该植物开花特性和花的结构有了更深的认识, 了解了叶片维管组织的发育特点。通过本课题的研究训练了科学研究的思维和方法, 达到了良好的野外实习教学效果。但对于获得的切片结果的描述和总结还不够深入, 需要参考更多的科研文献从而做出恰如其分的分析。

第6章　常见植物 588 种及近似种类的比较鉴别

藻类植物

念珠藻科 Nostocaceae

地木耳　*Nostoc commune* Vauch. ex Bornet et Flahault 又称普通念珠藻，为常见的固氮蓝藻。藻体胶质，初为球形，后扁平扩展成表面波状的胶质片状体，常呈棕黑色。胶质中包埋无数不分枝的念珠状藻丝，有一至数个异形胞。全株入药，消热、收敛、益气、明目。多见。

菌类植物

白蘑科 Tricholomataceae

紫沟条小皮伞　*Marasmius purpurreostriatus* Hongo 常生于林间，群生时在草地上形成蘑菇圈。担子菌。菌盖扁半球形或钟形，表面平滑，由盖顶部放射状形成紫褐或浅紫褐色沟条，后期盖面全部色彩变浅。菌肉污白色至浅黄白色。少见。

鬼伞科 Psathyrellaceae

疣孢花边伞 *Hypholoma velutinum* (Pers. ex Fr.) Quel. 担子菌。菌盖初钟形，渐近斗笠形，初期常挂有白色菌幕残片。菌肉薄，质脆，白色。菌柄圆柱形与菌盖色相近，上部色较浅，菌柄上有黑褐色菌环痕迹。可食用。少见。

木耳科 Auriculariaceae

黑木耳 *Auricularia auricular* (Linn. ex Hook.) Underw. 担子菌。子实体耳状，具褶皱，柔软胶质，富弹性，褐色，干后黑色，疏生短绒毛。常生于槭、柞、杨等树干上。常用食用菌。少见。

羊肚菌科 Morohellaceae

羊肚菌 *Morehella esculenta* (Linn.) Pers 常生长于阔叶林地及路旁，是一种珍贵的食用菌和药用菌。菌盖不规则圆形或长圆形，表面形成许多凹坑，形似羊肚状而得名。子实体用于治疗脾胃虚弱，消化不良，痰多气短等症。少见。

地衣

梅衣科 Parmeliaceae

大叶梅衣 *Parmotrema tinctorum* (Ngl.) Hale 地衣体大型叶状，近圆形扩展，直径 12 ～ 50 cm，疏松附着于基物上。裂片相互连接或重叠，呈半圆形，顶端圆钝，微上翘；上表面灰白色至淡褐色，无光泽，中部有强烈褶皱，下表面黑色。假根生于下表面中央部分。少见。

石蕊科 Cladoniaceae

喇叭粉石蕊 *Cladonia chlorophaea* (Flörke ex Sommerf) Spreng. 土生。初生地衣体鳞芽状，边缘具缺刻，上表面灰绿色或橄榄绿色，有污白色颗粒粉芽，下表面白色。果柄灰绿色，从基部向上逐渐扩大成规则且宽大漏斗形的杯体，杯体内外具颗粒状粉芽。分生孢子器褐色，生于杯缘。少见。

尖头石蕊 *Cladonia subulata* (Linn.) Weber ex Wiggers 地衣体通常由水平生长的初生地衣体和垂直生长的次生地衣体两部分组成。初生地衣体鳞片状，次生地衣体由初生地衣体上生出，直立，果柄单一。共生藻为共球藻属（*Trebouxia*）的种类。大多喜生于酸性及腐殖质丰富的基物上或石灰质岩石上。少见。

黄枝衣科 Teloshistaceae

石黄衣　*Xanthoria elegans* (Link) Th. Fr.
地衣体边缘浅裂，中心起皱，黄色或橙色，常见于岩石或墙壁上。曾被用以治疗黄疸。少见。

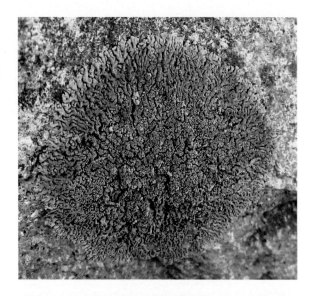

苔藓植物

蛇苔科 Conocephalaceae

蛇苔　*Conocephalum conicum* (Linn.) Underw. 叶状苔类，植物体宽带状，背面有肉眼可见的六角形或菱形的气室，气室中间有一个烟囱型的气孔，不能关闭。腹面有深紫色鳞片，雌雄异株；雄托椭圆状，雌托圆锥状。 因其叶状体背面似蛇皮而得名。常见。

魏氏苔科 Wiesnerellaceae

毛地钱　*Dumortiera hirsuta* (Sw.) Nees
叶状体苔类，植物体扁平，二歧分枝，深绿色，背面无气孔，常具白毛，腹面具白色须状假根。雄托圆盘状，生于叶状体先端背面；雌托圆盘形，具两条假根沟。多见于阴湿土坡和石壁，具清热解毒、拔脓生肌等作用。常见。

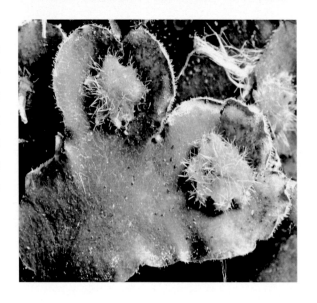

细鳞苔科 Lejeuneaceae

南亚顶鳞苔 *Acrolejeunea sandvicensis* (Gottsche) J. Wang bis et Gradst. 植物体黄绿色至深绿色。不规则二歧分枝。叶三列，侧叶密集覆瓦状排列，湿时似呈鱼鳃状，卵形，全缘；腹瓣宽圆形，顶端及边缘具 3 ~ 4 个小齿；腹叶圆肾形，全缘。常附生于树干和岩面。少见。

光萼苔科 Porellaceae

多瓣光萼苔 *Porella ulophylla* (Steph.) S. Hatt. 植物体长 2 ~ 4 cm，淡绿色，不规则分枝，顶端往上翘。植物体有背腹之分。叶三列，侧叶卵形，叶缘平滑，强烈波状卷曲；腹瓣宽舌头形或三角形；腹叶长卵形，基部沿茎两侧下延。树干和树基附生或岩石附生。多见。

耳叶苔科 Frullaniaceae

盔瓣耳叶苔 *Frullania muscicola* Steph. 植物体紫红色或暗绿色。茎不规则分枝，叶三列，侧叶卵圆形；腹瓣呈盔状；腹叶倒楔形，上部二裂。多生于树干或岩面。本属植物含有倍半萜烯类化学成分，易引起皮肤过敏。少见。

羽苔科 Plagiochilaceae

刺叶羽苔 *Plagiochila sciophila* Nees
茎叶体苔类，交织成片生长，枝向上倾立。叶二列，侧叶卵形，叶基下延，叶边具纤毛状齿，腹叶退化或细小。叶细胞薄壁，三角体细小或无。蒴萼钟形，口部弧形，密生刺状齿。少见。

小曲尾藓科 Dicranellaceae

变形小曲尾藓 *Dicranella varia* (Hedw.)
Schimp. 植物体丛生，茎短单一，直立。叶披针形，常呈镰刀形向一侧偏曲。蒴柄红色，孢蒴倾立。常见。

白发藓科 Leucobryaceae

白发藓 *Leucobryum glaucum* (Hedw.)
Ångström 植物体浅绿或灰白色，叶多列，肥厚，中肋宽阔，几占叶片全部；叶由大形无色细胞和小形绿色细胞组成。常生于树基、林内土表或石壁上。常见。

凤尾藓科 Fissidentaceae

大凤尾藓 *Fissidens nobilis* Griff. 植物体密集丛生，茎直立，单一。叶二列，呈羽毛状排列；基部叶较小，上部叶大，狭披针形。叶有前翅和背翅，中肋长达并消失于叶尖。多见。

紫萼藓科 Grimmiaceae

毛尖紫萼藓 *Grimmia pilifera* P. Beauv. 植物体暗绿或紫黑色，干时紫黑色。叶紧贴，湿时舒展，有长中肋和白色毛状叶尖，叶细胞有疣。性极耐旱，能生长在裸岩上，久旱不丧失生命力，为典型的旱生植物。多见。

真藓科 Bryaceae

比拉真藓 *Bryum billarderii* Schwägr. 植物体多形大，叶在茎上均匀排列或下部叶较稀疏，上部叶多密集，呈莲座状。干时旋转贴茎或不规则皱缩。叶广椭圆形至倒卵圆形，急尖至短的渐尖，叶全缘，叶中央细胞长六角形，孢子体罕见。多见。

暖地大叶藓 *Rhodobryum giganteum* (Schwägr.) Paris 植物体大，茎横生，成片散生。直立茎下部叶片小呈鳞片状，覆瓦状贴茎，顶部叶簇生呈大型花苞状，长倒卵形，中肋单一。又名回心草，用于治冠心病、高血压等症。少见。

虎尾藓科 Hedwigiaceae
虎尾藓 *Hedwigia ciliata* Ehrh. ex P. Beauv. 丛生于酸性的裸露岩面。茎直立或倾立，枝端有不规则短分枝，粗壮，虎尾状。潮湿时植物体深黄绿色。叶片先端无色透明，无中肋。多见。

葫芦藓科 Funariaceae
葫芦藓 *Funaria hygrometrica* Hedw. 丛集或散列群生。茎单一或稀分枝，叶长舌形，全缘，内曲；中肋较粗，不达叶尖。雌器苞生于雄器苞下的短侧枝上，雄枝萎缩后即发育成主枝。蒴柄细长，上部弯曲。孢蒴葫芦形，不对称，垂倾，具明显的台部。蒴齿两层；蒴帽兜形，有长喙。多见。

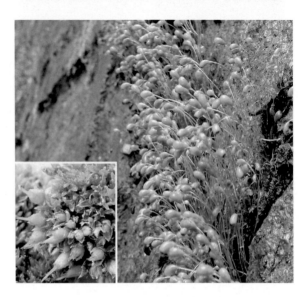

提灯藓科 Mniaceae

尖叶提灯藓 *Mnium cuspidatum* Hedw. 植物体疏松丛集群生。生殖枝直立，营养枝匍匐。叶疏生，生殖枝上的叶较狭长，卵状椭圆形，渐尖；营养枝的叶较宽短；叶缘明显分化，上部有锯齿，下部全缘，中肋长达叶尖或稍凸出。雌雄同株；蒴柄直立，红色；孢蒴下垂，卵圆形。常见。

木灵藓科 Orthotrichaceae

福氏蓑藓 *Macromitrium ferriei* Cardot et Thér. 树生，植物体密集片状生长，下部黑褐色，上部黄绿色，主茎匍匐。叶片密集着生，茎叶反仰或伸展，黄色，椭圆状披针形，叶边外曲，中肋达叶边，叶中部细胞具一至数个大疣；枝叶干燥时卷缩，湿时伸展，叶尖圆钝至渐尖，龙骨状，中肋长达叶尖。雌雄同株异苞，孢蒴直立，基部分裂，其上具多数黄褐色的毛。多见。

蔓藓科 Meteoriaceae

鞭枝新丝藓 *Neodicladiella flagellifera* (Cardot) Huttunen & D. Quandt 树干附生，植物体纤细，黄绿色，无光泽。主茎匍匐，枝茎基部扁平被叶，渐转为细长下垂的枝。茎叶椭圆形或卵状椭圆形，内凹，先端渐成披针形的尖，常扭曲，叶边具稀疏不规则的齿，中肋长达叶上部，每个细胞中央具单个疣；枝叶较狭，具长毛尖。多见。

孔雀藓科 Hypopterygiaceae

黄边孔雀藓 *Hypopterygium flavolim-batum* Müll. Hal. 成片生长，主茎匍匐横生，支茎倾立或直立，常一至二回稀为三回羽状分枝，分枝在一个平面上，似孔雀开屏。孢子体常集中分布在支茎的中部，蒴柄细长，孢蒴平倾，形似孔雀的长颈和头部。有侧叶和腹叶之分，中肋单一，不达叶尖。少见。

绢藓科 Entodontaceae

长柄绢藓 *Entodon macropodus* (Hedw.) Müll. Hal. 植物体扁平，具绢丝光泽，石生，紧贴基质生长。茎匍匐，疏松亚羽状分枝。叶矩圆状长披针形，具两条短中肋。蒴柄黄色。多见。

羽藓科 Thuidiaceae

大羽藓 *Thuidium cymbifolium* (Dozy & Molk.) Dozy & Molk. 常大片交织生长，植物体大形，三至四回羽状分枝，茎与枝均密被鳞毛。茎叶大，枝叶小，异形。多见。

青藓科 Brachytheciaceae

多枝青藓 *Brachythecium fasciculi-rameum* Müll. Hal. 植物体形大，多回羽状分枝，淡绿色。枝圆条形。叶内凹，有两至多条纵褶皱，先端长毛尖；中肋细长，超过叶中部以上。常见。

鼠尾藓 *Myuroclada maximowiczii* (Borszcz.) Steere et Schof. 植物体粗壮，丛集生长。茎不规则分枝，叶紧贴覆瓦状排列，枝圆条形，末端渐尖，似鼠尾而得名。叶卵形或近圆形，先端圆钝，有小尖头，内凹，中肋单一。多见。

水生长喙藓 *Rhynchostegium riparioides* (Hedw.) Cardot 植物体暗绿色，茎匍匐，主茎上叶稀疏生长，有时光裸无叶，稀疏分枝，枝上密生叶。茎叶、枝叶同形，叶阔卵形至亚圆形，先端具小尖头，圆钝，叶缘通体具细齿，中肋单一，超出叶中部。雌雄同株，蒴柄红褐色，孢蒴倾垂，矩圆形，蒴帽兜形。多见。

棉藓科 Plagiotheciaceae

垂蒴棉藓 *Plagiothecium nemorale* (Mitt.) A. Jaeger 植物体常无光泽，暗绿色。枝常扁平；茎不规则分枝。叶卵形，具锐尖，前端常具微齿；叶基略下延，中肋二歧。蒴柄红褐色，孢蒴倾立，圆筒形。多见。

灰藓科 Hypnaceae

大灰藓 *Hypnum plumaeforme* Wilson 大片交织生长，茎不规则或规则羽状分枝，分枝末端呈钩状或镰刀状；叶常呈二列镰刀状，向背侧偏斜或卷曲，卵状披针形，中肋二，短弱。为酸性土壤指示植物。多见。

金发藓科 Polytrichaceae

波叶仙鹤藓 *Atrichum undulatum* (Hedw.) P. Beauv. 植物体直立丛生。叶轮生，长披针形，透明，叶缘具波纹，中肋粗壮，腹面具几条与叶片垂直排列的栉片。孢子体秋冬季产生，着生在植物体的尖端，孢蒴圆柱形，蒴帽钟形。常见。

小金发藓 *Pogonatum aloides* (Hedw.) P. Beauv. 土生，常丛集成片生长。茎单一，外形像小松树苗。叶长披针形，基部鞘状，不透明，腹面密被栉片，叶缘具锐齿。右下角为雄器苞。常见。

角苔科 Anthocerotaceae

高领黄角苔 *Phaeoceros carolinianus* (Michx.) Prosk. 配子体叶状，不规则圆形，边缘有缺刻或裂瓣。孢子体针状似角，成熟后孢蒴呈二瓣裂。每个细胞内含一个大的圆形或透镜形的叶绿体。孢蒴成熟时纵裂，散出黄绿色的孢子和假弹丝，蒴壁具气孔。少见。

蕨类植物

石松科 Lycopodiaceae

蛇足石杉 *Huperzia serrata* (Thunb.) Trev. 多年生草本。茎直立或下部平卧，一至数回二歧分枝。叶略成四行疏生，披针形，具短柄。孢子叶和营养叶同形。孢子囊横生于叶腋，肾形；孢子同形。有清热解毒、生肌止血、散瘀消肿的功效。偶见。

卷柏科 Selaginellaceae

伏地卷柏 *Selaginella nipponoca* Franch. et Sav. 主茎柔弱，伏地蔓生。营养枝常匍匐，叶异形，背腹各两列；生殖枝直立。孢子囊生于叶腋，孢子囊和孢子异形。小孢子囊红色，圆球形；大孢子囊三菱形，淡黄色。生长小孢子囊的叶为小孢子叶，生长大孢子囊的叶为大孢子叶。常见。

江南卷柏 *Selaginella moellendorfii* Hieron. 多年生常绿草本。主茎直立，禾秆色，下部不分枝；枝上叶二形，背腹各两列。腹叶（中叶）疏生；背叶（侧叶）斜展，覆瓦状排列。孢子叶集生于枝顶，穗状，生有大小孢子囊。全草药用，有清热利尿，活血消肿的作用。多见。

翠云草 *Selaginella uncinata* (Desv.) Spring 植物体铜绿色，主茎伏地蔓生，禾秆色，有棱，分枝处常生根托。营养枝上的叶两列疏生，有侧叶和腹叶之分。孢子囊穗生于枝顶，四棱形，由多数孢子叶集生而成，孢子叶的叶腋内生有孢子囊。多见。

紫萁科 Osmundaceae

紫萁 *Osmunda japonica* Thunb. 叶簇生，直立，二回羽状复叶；叶三角状广卵形，羽片 3 ~ 5 对，以关节与叶轴相连，小羽片边缘有均匀细锯齿，脉二歧。能育叶和不育叶分开。根状茎入药，清热解毒。常见。

海金沙科 Lygodiaceae

海金沙 *Lygodium japonicum* (Thunb.) Sw. 多年生草质藤本，根状茎横走，生黑褐色有节的毛。叶多数，着生于茎上的短枝两侧，二型，纸质，营养叶尖三角形，二回羽状，小羽片掌状或三裂；孢子叶卵状三角形，多收缩成深撕裂状。成熟孢子入药，用于清利湿热，通淋止痛。常见。

里白科 Gleicheniaceae

芒萁 *Dicranopteris pedata* (Houtt.) Nakaike 根状茎横走，被棕色毛。叶疏生，叶轴一至二回或多回二歧分枝，在分枝腋间有 1 个休眠芽，密被绒毛，并有 1 对叶状苞片，基部两侧有 1 对篦齿状的托叶。羽片披针形，篦齿状羽裂几达羽轴。为酸性土指示植物。全草或根状茎入药，清热利尿、化瘀止血。多见。

膜蕨科 Hymenophyllaceae

团扇蕨 *Crepidomanes minutum* (Blume) K. Iwats. 植株小，根状茎细丝状，横走。叶远生，具细柄；叶质薄、半透明，团扇形至圆状肾形，基部心形；叶脉多回分枝，每小裂片有一小脉。孢子囊群生于短裂片顶端。中、高海拔分布，多见。

鳞始蕨科 Lindsaeaceae

乌蕨 *Odontosoria chinensis* (Linn.) J. Sm. 根状茎短而横走，叶草质，披针形，三至四回羽状细裂。羽片斜展，卵状披针形，由下向上渐小；小羽片斜菱形，末回裂片顶端平截，有钝齿；叶脉在小裂片上二歧。孢子囊群生于末端。喜生酸性土壤。全草可入药。常见。

碗蕨科 Dennstaedtiaceae

蕨 *Pteridium aquilinum* (Linn.) Kuhn var. *latiusculus* (Desv.) Underw. ex A. Heller 大型多年生草本。根状茎长而粗壮，表面被棕色茸毛。春季从根状茎上长出新叶，幼时拳卷，成熟后展开；叶柄长而粗壮，叶片三角形至广披针形，二至四回羽状复叶。孢子囊棕黄色，被囊群盖和叶缘背卷所形成的膜质假囊群盖双层遮盖。又称蕨菜。多见。

凤尾蕨科 Pteridaceae

银粉背蕨 *Aleuritopteris argentea* (Gmel.) Fée 根状茎斜生，茎和叶基被有亮黑色鳞片。叶簇生，叶柄栗色，叶片五角星状，厚纸质，背面有乳白色或乳黄色粉粒。孢子囊群沿叶缘连续生长，叶缘背卷形成囊群盖。为钙质土指示植物。全草药用，可活血调经，补虚止咳。少见。

毛轴碎米蕨 *Cheilanthes chusana* Hook. 根状茎直立，茎、叶被褐色狭披针形的鳞毛。叶簇生，叶柄、叶轴深栗色；二回羽状深裂。孢子囊群圆形，生于叶缘脉顶，囊群盖由叶缘背卷而成，彼此分离。少见。

凤丫蕨 *Coniogramme japonica* (Thunb.) Diels 根状茎长而横走，叶远生，革质。下部二回羽状，向上一回羽状，羽片近对生，边缘具细锯齿；叶脉网状，在主脉两侧有 1～2 对网眼，网眼外脉分离，末端形成纺锤状水囊。全草有消肿解毒作用。多见。

井栏边草 *Pteris multifida* Poir. 根状茎直立，簇生，叶一回羽状。基部一对羽片有柄，其余羽片下延，在叶轴上形成狭翅；下部 1～3 对羽片常作不均等分裂。不育叶的羽片边缘有不规则的尖锯齿，能育叶孢子囊沿叶缘成线形排列，叶缘背卷形成囊群盖。全草入药，有利尿、凉血解毒作用。常见。

蹄盖蕨科 Athyriaceae

日本安蕨（日本蹄盖蕨）

Anisocampium niponicum (Mett.) Y. C. Liu, W. L. Chiou et M. Kato 根状茎横卧，叶近生或近簇生，具柄，叶柄内 2 条扁平维管束；新鲜时叶和叶轴带紫红色，疏生小鳞片；叶片草质，先端尾状急尖，二至三回羽状分裂；羽片多对。孢子囊群长圆形。叶可治下肢疖肿。少见。

金星蕨科 Thelypteridaceae

渐尖毛蕨 *Cyclosorus acuminatus* (Houtt.) Nakai 根状茎长而横走，叶远生，厚纸质，阔披针形，二回羽裂，先端突然变狭，有长渐尖；侧脉背面凸起，两片裂片基部的侧脉相连，与主脉构成三角形。孢子囊群生于侧脉先端。民间治狂犬咬伤。常见。

延羽卵果蕨 *Phegopteris decursive-pinnata* (van Hall) Fée 根状茎短而直立。叶簇生，叶片长椭圆形，两面被有疏生针状毛和星状毛；羽片基部下延与下面的羽片相连，基部的羽片缩小成三角形耳状。孢子囊群圆形，生于近基部的侧脉。能治水湿膨胀、疖毒溃烂等。多见。

鳞毛蕨科 Dryopteridaceae

贯众 *Cyrtomium fortunei* J. Sm. 根状茎短，直立，密被卵形鳞片，鳞片有缘毛。叶簇生，一回羽状，羽片镰刀形；叶脉网状，在主脉两侧连结成 2～8 个网眼，网眼内有内藏小脉。孢子囊群生于内藏小脉顶端，囊群盖圆肾形，盾状着生。根状茎入药，清热解毒，驱钩虫、蛔虫。常见。

同形鳞毛蕨 *Dryopteris uniformis* (Makino) Makino 根状茎短而直立，茎和叶柄密被披针形鳞片，鳞片棕褐色至黑色。叶簇生，叶片长椭圆状披针形，二回羽裂，下部羽片缩短。孢子囊群生于叶背上半部羽片上，囊群盖圆肾形，棕色。常见。

对马耳蕨 *Polystichum tsus-simense* (Hook.) J. Sm. 根状茎近直立，叶簇生，叶柄禾秆色，基部有黑褐色鳞片。叶披针形，薄革质，二回羽裂，羽片基部上侧的小羽片大而凸起，与叶轴平行，小羽片边缘具芒刺。孢子囊群生于叶背，囊群盖盾形。多见。

水龙骨科 Polypodiaceae

瓦韦 *Lepisorus thunbergianus* (Kaulf.) Ching 根状茎粗而横走，密生鳞片。叶革质，有短柄；叶片披针形或条状披针形，基部楔形，先端渐尖；主脉明显，侧脉不显，网状，网眼内有内藏小脉。孢子囊群圆形，分离，在主脉两侧各排成一行。全草可治小儿惊风，咳嗽吐血等。多见。

石韦 *Pyrrosia lingua* (Thunb.) Farw. 多年生草本，生于岩面或树上。根茎细长，横走，密被深褐色披针形的鳞片；根须状，密生鳞毛。叶疏生，基部有关节，被星状毛；叶片披针形、先端渐尖，基部渐狭，略下延，全缘，革质。孢子囊群椭圆形，散生在叶背，无囊群盖。多见。

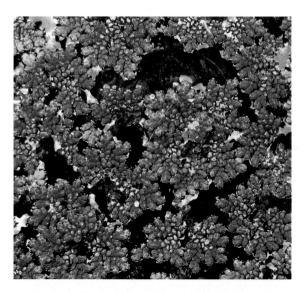

槐叶苹科 Salviniaceae

满江红 *Azolla pinnata* R. Brown subsp. *asiatica* R. M. K. Saunders et K. Fowler 小型浮水植物，根状茎细，叶小，鳞片状，互生，覆瓦状排成二列，下有须根。叶有上下两裂片，上裂片浮于水面，绿色或红色。孢子果有大、小两型。有固氮作用。少见。

裸子植物

银杏科 Ginkgoaceae

银杏 *Ginkgo biloba* Linn. 落叶乔木，有长短枝之分。叶扇形，二叉脉序，雌雄异株。外种皮肉质，中种皮骨质。种仁供食用（多食易中毒），叶可治疗心血管病及老年痴呆症。常见。

松科 Pinaceae

雪松 *Cedrus deodara* (Roxb.) G. Don 常绿乔木，树冠尖塔形，大枝平展，小枝略下垂。叶针形，质硬，在长枝上散生，短枝上簇生。世界著名的庭园观赏树种之一，可用于提炼精油。栽培。

马尾松 *Pinus massoniana* D. Don 常绿乔木。针叶细柔，长 12～20 cm，两针一束，树脂道边生。鳞盾不隆起，鳞脐无刺。花粉为痱子粉的原料。多见。

黄山松 *Pinus taiwanensis* Hayata 常绿乔木。针叶长 7～10 cm，两针一束，树脂道中生。鳞盾稍肥厚隆起，鳞脐具短刺。与马尾松的主要区别在于叶较粗短，树脂道中生，较高海拔自然分布。

金钱松 *Pseudolarix amabilis* (J. Nelson) Rehder 落叶乔木。树皮裂成斑块状。叶条形，扁平而柔软，无柄，背面中脉凸起，在长枝上散生，短枝上轮状平展簇生，均不成束。树皮可治疗疗疮和顽癣。多见。

杉科 Taxodiaceae

柳杉 *Cryptomeria japonica* (Thunb. ex Linn. f.) D. Don var. *sinensis* Miq. 常绿乔木。叶钻形，先端向内微弯曲；种鳞的顶端有3～6个尖齿，每种鳞有2粒种子。用作绿化树种，树皮可药用。极常见。

杉木 *Cunninghamia lanceolata* (Lamb.) Hook. 常绿乔木。叶披针形，有锯齿；叶及种鳞均为螺旋状着生。每种鳞有3粒种子；苞鳞发达，边缘有不规则细锯齿。树皮可提取栲胶。少见。

水杉 *Metasequoia glyptostroboides* H. H. Hu et W. C. Cheng 落叶乔木。小枝对生，下垂。叶条形，交互对生，假二列成羽状复叶状。球果下垂，有长柄；种鳞木质，盾形，每种鳞具5～9粒种子；种子扁平，周围具窄翅。栽培。材质轻软，可供建筑、造纸等用；树姿优美，为庭园观赏树。

台湾杉（秃杉）*Taiwania cryptomerioides* Hayata 常绿乔木。叶二型，老树之叶鳞状钻形，横切面三角形或四棱形；幼树和萌枝之叶钻形，两侧压扁，全缘。球果长 1.5～2.2 cm。苞鳞甚小或无，每种鳞 2 粒种子。进山门及忠烈祠前有栽培。

金松科 Sciadopityaceae

金松 *Sciadopitys verticillata* Sieb. et Zucc. 常绿乔木。叶条形，由两叶合生而成，两面中央有一纵槽，长 5～15 cm，生于鳞状叶的腋部不发育的短枝顶端，成簇生状；辐射状开展，在枝端呈伞形。球果的种鳞木质，种子 5～9 粒。幻住庵有栽培。

柏科 Cupressaceae

日本花柏 *Chamaecyparis pisifera* (Sieb. et Zucc.) Endl. 乔木。生鳞叶小枝条扁平，排成一平面。鳞叶先端锐尖，侧面之叶较中间之叶稍长。小枝上面中央之叶深绿色，有腺体；下面之叶有明显的白粉。栽培。

福建柏 *Fokienia hodginsii* (Dunn) A. Henry et H. H. Thomas 常绿乔木。生鳞叶的小枝排成一平面，两侧的鳞叶长 3 ~ 6 mm，背面白粉显著；幼树小枝两侧之叶先端渐尖，成龄树小枝之叶先端钝尖或微急尖，种鳞盾形。青龙山脚有栽培。

圆柏 *Juniperus chinensis* Linn. 乔木。树皮深灰色或淡红褐色，裂成长片状剥落。生鳞叶的小枝圆柱形或近方形。鳞叶先端钝，腺体位于叶背的中部。球果肉质，不开裂，具 2 ~ 4 粒种子。刺叶 3 枚交互轮生。可作多种用材。常见栽培。

侧柏 *Platycladus orientalis* (Linn.) Franco 常绿木本。大枝直立，生鳞叶的小枝排成一平面。叶鳞形，交叉对生；种鳞扁平，覆瓦状排列，熟时张开；种子无翅。鳞叶入药可止胃出血。常见栽培。

北美香柏（金钟柏）*Thuja occidentalis* Linn. 当年生乔木。小枝扁。叶鳞形，先端尖；小枝上面及下面的叶颜色相似，有透明隆起的圆形腺点，两侧的叶较中央的叶稍短或等长，尖头内弯。少见栽培。

罗汉松科 Podocarpaceae
短叶罗汉松 *Podocarpus macrophyllus* (Thunb.) Sweet var. *maki* Sieb. et Zucc. 乔木。叶呈螺旋状簇生排列，带状披针形，长 2.5 ~ 7 cm，宽 5 ~ 7 mm，先端钝尖，中脉明显。原变种**罗汉松** var. *macrophyllus* 叶长 6 ~ 10 cm。禅源寺内有栽培。

三尖杉科 Cephalotaxaceae
三尖杉 *Cephalotaxus fortunei* Hook. 乔木。叶柔软，排成两列，条形披针状，长 4 ~ 13 cm，宽 3.5 ~ 4.5 mm，先端渐尖成长尖头，上面深绿色，中脉隆起，下面气孔带白色，比绿色边带宽 3 ~ 5 倍，绿色中脉带明显。低海拔山沟可见。

红豆杉科 Taxaceae

南方红豆杉 *Taxus wallichiana* Zucc. var. *mairei* (Lemée et H. Lév.) L. K. Fu et N. Li 一年生乔木。枝条绿色或淡黄绿色，秋季变成绿黄色或淡红褐色。叶条形，排成两列，微弯，长2～3.5 cm，宽2.5～4 mm；上面深绿色，有光泽；下面淡黄绿色，有两条气孔带；中脉带上有角质的乳头状凸起点。种子生于杯状红色肉质的假种皮中。栽培。

榧树 *Torreya grandis* Fortune ex Lindl. 乔木，一年生小枝绿色，二三年生小枝黄绿色或灰褐色。叶先端有凸起的刺状短尖头，表面微圆，长1.1～2.5 cm，干后上面有纵凹槽。假种皮全包种子。材质优良，种子可食用或榨油。栽培。

被子植物
木兰科 Magnoliaceae

*P$_{3+3+3}$ A$_\infty$ G$_{\infty:1-2}$

厚朴 *Houpoea officinalis* (Rehder et E. H. Wilson) N. H. Xia et C. Y. Wu 落叶乔木。树皮厚，小枝粗壮。叶大，近革质，长圆状倒卵形，长可达45 cm，先端钝或凹缺。花白色，芳香。聚合果。本种树皮可入药，可行气平喘，化食消痰。种子可榨油。分布于海拔1 000 m左右。

鹅掌楸 *Liriodendron chinense* (Hemsl.) Sarg. 落叶乔木。叶形似马褂，两侧常各 1 裂，先端平截，具乳头状白粉点。花被片 9，3 轮；每心皮胚珠 2。供观赏、多种用材。低海拔分布，常见。

天目玉兰 *Yulania amoena* (W. C. Cheng) D. L. Fu 落叶乔木。叶倒披针状椭圆形，纸质，叶柄无毛。先叶开花，花被片 9，粉红色。聚合果常弯曲，果序梗被灰白色柔毛。常见。

黄山玉兰 *Yulania cylindrica* (E. H. Wilson) D. L. Fu 与天目玉兰的区别是幼枝及叶柄被淡黄色平伏毛，二年生枝褐色，叶下面被均匀贴伏短绢毛，内轮花被片较长、白色。常见。

蜡梅科 Calycanthaceae

*$P_∞A_∞\underline{G}_{∞;∞;2}$

夏蜡梅 *Calycanthus chinensis* (W. C. Cheng et S. Y. Chang) W. C. Cheng et S. Y. Chang ex P. T. Li 落叶灌木。小枝对生，叶柄下芽。叶片薄纸质。果托钟形，近顶端微收缩，长 3 ~ 5 cm；瘦果褐色，基部密被灰白色毛。花可观赏。禅源寺后、幻住庵前可见栽培。

樟科 Lauraceae

*$P_{3+3}A_{3+3+3+3}\underline{G}_{(3:1:1)}$

樟 *Cinnamomum camphora* (Linn.) J. Presl 常绿乔木。小枝绿色或黄绿色。叶互生，薄革质，离基三出脉，脉腋处有腺窝。圆锥花序；果熟时紫黑色。具芳香油。常见。

乌药 *Lindera aggregata* (Sims) Kosterm. 常绿灌木至小乔木。小枝绿色至灰褐色，幼枝及叶背面密被黄褐色柔毛。叶片革质，先端尾尖，基出三脉或离基三出脉。果椭圆形，熟时黑色。根入药，可治胃痛、气喘等多种疾病。低海拔区域多见。

红果山胡椒 *Lindera erythrocarpa*
Makino 落叶灌木。树皮灰褐色，幼
枝常灰白或黄色。叶倒披针形，先端
渐尖，基部楔形下延，疏被贴伏柔毛，
叶脉羽状。多见。

山胡椒 *Lindera glauca* (Sieb. et Zucc.)
Blume 落叶灌木至小乔木。小枝灰白
色，幼枝有毛。叶互生，纸质，背面
被灰白色柔毛，羽状脉。枯叶冬季不
凋。具芳香油。常见。

绿叶甘橿 *Lindera neesiana* (Wall. ex
Nees) Kurz 落叶灌木。小枝青绿色，
光滑，具黑色斑块。叶片纸质，宽卵
形至卵形，幼时密被细柔毛，三出脉
或稀离基三出脉。多见。

三桠乌药 *Lindera obtusiloba* Blume 乔木或灌木，落叶。小枝黄绿色，较平滑，有纵纹；三年生枝有斑状纵裂。顶芽卵形，先端渐尖。叶互生，近圆形或扁圆形，先端急尖，叶片先端常具3浅裂。温中行气，活血散瘀，可入药。1 000 m 以上高海拔分布。

山橿 *Lindera reflexa* Hemsl. 落叶灌木或小乔木。小枝黄绿色，有黑色斑块。叶脉羽状。花序梗明显。果直径约7 mm，果梗长达2 cm。可治过敏性皮炎，具芳香油。低海拔区域常见。

红脉钓樟 *Lindera rubronervia* Gamble 落叶灌木。树皮灰黑色，有皮孔。小枝紫褐色，平滑。叶片宽卵状至卵状椭圆形，上面中脉及背面具柔毛，离基三出脉。叶脉与叶柄秋后常红色。叶与果可提取芳香油。多见。

天目木姜子 *Litsea auriculata* S. S. Chien et W. C. Cheng 落叶乔木。叶互生，纸质，倒卵形或椭圆形，长9.5～20 cm，基部耳形，叶柄长3～8 cm。果长1.3～1.7 cm，熟时紫黑色。具芳香油。中、低海拔分布。

豹皮樟 *Litsea coreana* H. Lév. var. *sinensis* (C. K. Allen) Y. C. Yang et P. H. Huang 常绿乔木。树皮白色至灰褐色，呈不规则片状剥落。叶革质，下面灰白色，叶柄上面有柔毛。中、低海拔林中分布。

山鸡椒 *Litsea cubeba* (Lour.) Pers. 落叶小乔木。小枝、芽、叶片背面、花序均无毛，小枝绿色，枝叶干时绿黑色。叶互生，薄纸质，椭圆状披针形，长4～11 cm，基部楔形，叶柄长5～15 mm。果球形。具芳香油，萃取后可入药，温肾健胃。少见。

红楠 *Machilus thunbergii* Sieb. et Zucc.
乔木。树皮黄褐色，小枝绿色。叶片革质，有光泽，叶缘微背卷。近基部叶脉、叶柄、花序梗、果梗红色。具芳香油；多种用材。中、低海拔分布。

紫楠 *Phoebe sheareri* (Hemsl.) Gamble
常绿乔木。叶互生，革质，长8～18 cm，背面密被黄褐色长柔毛，网状脉隆起。圆锥花序，花黄绿色，花被外有柔毛，宿存花被片松散。治腹胀；多种用材。中、低海拔分布。

檫木 *Sassafras tzumu* (Hemsl.) Hemsl.
落叶乔木。树皮幼时黄绿色，平滑，老时灰褐色纵裂。叶互生，上部3裂，长9～20 cm，叶柄带红色。花黄色，先叶开放。可提取芳香油；多种用材。低海拔林中分布。

金粟兰科 Chloranthaceae

$\uparrow P_0 A_{(3-1)} \underline{G}_{1:1:1}$

丝穗金粟兰 *Chloranthus fortunei* (A. Gray) Solms 多年生草本。叶对生，叶片长 5 ～ 11 cm，宽 3 ～ 7 cm，背面无毛，叶缘具圆锯齿。穗状花序连总花梗长 3 ～ 6 cm；雄蕊药隔白色，长约 1 ～ 2 cm。花期 4 ～ 5 月。有毒。治毒蛇咬伤。常见。

宽叶金粟兰 *Chloranthus henryi* Hemsl. 多年生草本。叶对生，叶片长 9 ～ 21 cm，宽 5 ～ 11 cm，背面脉上有细小鳞片状毛。穗状花序顶生和腋生，连总花梗长 7 ～ 18 cm；整个生长期连续开花结果。有毒。全草入药有活血祛风、消肿解毒功效。多见。

及己 *Chloranthus serratus* (Thunb.) Roem. et Schult. 多年生草本。叶对生，叶片长 10 ～ 20 cm，宽 4 ～ 8 cm，背面无毛。顶生的穗状花序总梗长 1 ～ 3 cm；雄蕊药隔长不及 3 mm。核果绿色。花期 4 ～ 5 月。有毒。治皮肤瘙痒。中、低海拔分布。

三白草科 Saururaceae

$*P_0A_{3,3+3} \underline{G}_{3-5:3-5:2-4}$

鱼腥草 *Houttuynia cordata* Thunb. 多年生具腥臭味草本。叶密被细腺点。穗状花序具白色苞片4片。花无被，雄蕊、心皮各3个。全草清热解毒、排脓消痈。低海拔潮湿地分布。

马兜铃科 Aristolochiaceae

$K_{(3)}C_{3,0} A_{6,6+6} \overline{G}$ 或 $\overline{G}_{(6:6:\infty)}$

马兜铃 *Aristolochia debilis* Sieb. et Zucc. 多年生缠绕草本。茎具纵沟。叶全缘，基部心形。蒴果成熟时中部以下连同果梗一起开裂成提篮状。药用，可行气、解毒、消肿。中、低海拔分布，少见。

杜衡 *Asarum forbesii* Maxim. 多年生草本。叶基生，肾形或圆心形，叶片薄纸质。花柱6，离生，顶端2裂；花被筒内具突起网格。治风寒头痛、中暑。低海拔隐蔽处分布，少见。

八角科 Illiciaceae

$*P_\infty A_\infty \underline{G}_{7-15:7-15:1}$

红毒茴 *Illicium lanceolatum* A. C. Sm. 小乔木或灌木。叶革质，倒披针形至披针形，顶端短尾尖或渐尖。花被片不等大，内轮红色；心皮 10 ~ 14，轮生。蓇葖果顶有长而弯的尖头。种子剧毒；全株入药，民间治跌打损伤。海拔 400 ~ 600 m 分布，少见。

五味子科 Schisandraceae

$♂*P_\infty A_\infty \quad ♀*P_\infty \underline{G}_{\infty:\infty:2-5}$

南五味子 *Kadsura longipedunculata* Finet et Gagnep. 常绿藤本。单叶互生，侧脉 9 ~ 11 对，常有透明腺点，雌雄异株。花单生叶腋，芳香。心皮成熟后果实成球形。安神补脑。多见。

华中五味子 *Schisandra sphenanthera* Rehder et E. H. Wilson 落叶藤本。全株无毛，枝细长红褐色，被瘤状皮孔。叶片最宽处在中部以上，侧脉两面不隆起，叶缘多少具微齿。花被橙黄色，雌花具单雌蕊 30 ~ 60 枚。果时花托延长成穗状。常见。

毛茛科 Ranunculaceae

$*K_{3-\infty}C_{3-\infty}A_\infty G_{\infty:\infty:1}$

鹅掌草（林荫银莲花）*Anemone flaccida* F. Schmidt 多年生草本。根状茎圆柱形，暗褐色。叶片五角形，基部深心形，3 全裂；小叶两面及心皮被短毛。苞片无柄。根状茎药用，能解毒，治风湿症。高海拔分布。

驴蹄草 *Caltha palustris* Linn. 多年生草本。茎中部以上多分枝。基生叶 3 ~ 7，具长柄；叶圆形或心形，边缘具正三角形小齿，茎生叶向上渐小，叶柄渐短。顶生二花，花黄色。蓇葖果长约 1 cm。全草含白头翁素，有毒，可制土农药。高海拔分布。

女萎 *Clematis apiifolia* DC. 木质藤本。三出复叶，叶上面近无毛，背面有疏毛。圆锥状聚伞花序，花序梗基部有叶状苞片；花药长 1.5 ~ 1.8 mm，顶端钝。治筋骨疼痛。常见。

大花威灵仙 *Clematis courtoisii* Hand.-Mazz. 木质攀缘藤本。茎棕红色或深棕色。三出复叶或二回三出复叶，纸质；小叶全缘，顶小叶无柄或近无柄。聚伞花序 1 花，腋生；花径 5～8 cm。全草入药。多见。

山木通 *Clematis finetiana* H. Lév. et Vaniot 半常绿木质藤本。全株无毛。三出复叶，下部有时为单叶；小叶革质。花较小，幼时萼片外面具较多的毛。全株入药。中、低海拔分布。

柱果铁线莲 *Clematis uncinata* Champ. ex Benth. 木质攀缘藤本。茎叶干后常变黑褐色。叶对生，一至二回羽状复叶；小叶全缘，小叶柄中上部具关节。圆锥花序具多花。根能祛风除湿、通经络、镇痛，也外用止血；茎作利尿药。近似种**威灵仙** *C. chinensis* Osbeck 茎叶干后变黑，小叶柄无关节；近似种**圆锥铁线莲** *C. terniflora* DC. 茎叶干后浅褐色，小叶柄无关节。多见。

还亮草 *Delphinium anthriscifolium* Hance 一年生草本。叶互生，常为二至三回羽状分裂。总状花序顶生；花紫色，有距；退化雄蕊二深裂，瓣片斧形，心皮3。治风湿痛，半身不遂等。春季常见。

毛茛 *Ranunculus japonicus* Thunb. 多年生草本，高可达80 cm，具白色毛。茎直立，中空。基生叶为单叶，三深裂或全裂。花瓣5，黄色。治结膜炎。多见。

天葵 *Semiaquilegia adoxoides* (DC.) Makino 多年生草本，块根褐黑色。基生叶为一回三出复叶，叶背常带紫色。聚伞花序，萼片白色。治淋巴结核。低海拔林中分布，多见。

小檗科 Berberidaceae

$*K_{3+3}C_{3-4+3-4}A_{4-6}\underline{G}_{1:1:1-\infty}$

六角莲 *Dysosma pleiantha* (Hance) Woodson 多年生草本。茎生叶盾状，4～9浅裂，无毛。花簇生在茎生二叶叶柄交叉处，花瓣6，紫红色。浆果近球形。治毒蛇咬伤。林中多见。

阔叶十大功劳 *Mahonia bealei* (Fortune) Carrière 常绿灌木。一回羽状复叶，小叶厚革质，具刺状锯齿，边缘背卷。花黄色。浆果成熟时蓝黑色。全株可供药用。栽培。

南天竹 *Nandina domestica* Thunb. 常绿灌木。茎皮幼时常呈红色。三至四回羽状复叶，叶柄具鞘，小叶全缘。圆锥花序。浆果红色。根可治风热头痛。栽培或野生。

大血藤科 Sargentodoxaceae

♂ *$K_{3+3}C_6A_6$ ♀ *$K_{3+3}C_6\underline{A_6}\underline{G}_{∞:∞:1}$

大血藤 *Sargentodoxa cuneata* (Oliv.) Rehder et E. H. Wilson 落叶藤本。三出复叶互生，侧生小叶偏斜，无托叶。雌雄同株，腋生总状花序下垂。浆果具柄。治肠痈腹痛。林中多见。

木通科 Lardizabalaceae

♂ *$K_{3+3}C_6A_6$ ♀ *$K_{3+3}C_6\underline{A_6}\underline{G}_{1-5:1-5:∞}$

木通 *Akebia quinata* (Houtt.) Decne. 落叶藤本。小叶 5 ~ 6，先端微凹，全缘。总状花序；雄花紫红色，雌花暗紫色。肉质蓇葖果。通经活络。多见。

三叶木通 *Akebia trifoliata* (Thunb.) Koidz. 落叶藤本。掌状复叶，小叶 3，薄革质或纸质，边缘有波状浅圆齿。雌雄异花同株。蓇葖果。治关节炎。多见。

鹰爪枫 *Holboellia coriacea* Diels 常绿藤本。掌状复叶，小叶3，叶缘有透明蜡质圈。伞房花序，雌雄同株。浆果。根入药治风湿痹痛。常见。

防己科 Menispermaceae

♂*$K_{2-6}C_{2-3+2-3}A_6$

♀*$K_{2-6}C_{2-3+2-3}A_6\underline{G}_{3:3:2}$

木防己 *Cocculus orbiculatus* (Linn.) DC. 缠绕性木质藤本。叶互生，纸质，掌状3脉，侧脉不达叶缘，叶柄长1~3 cm。聚伞状圆锥花序，花黄绿色，花药横裂。核果蓝黑色，果核扁。降血压。多见。

防己(汉防己) *Sinomenium acutum* (Thunb.) Rehder et E. H. Wilson 落叶藤本。叶心状圆形或宽卵形，基部常心形，全缘、具角或5~9裂，幼叶被绒毛，掌状脉5~7；叶柄长5~15 cm。果核扁。治水肿脚气。低海拔林缘沟边分布。

千金藤 *Stephania japonica* (Thunb.) Miers 多年生木质缠绕藤本。叶片硬纸质，卵形至宽卵形，全缘，盾状着生，常长度大于宽度。小聚伞花序组成伞形，果熟时红色，内果皮坚硬，扁平马蹄形。根入药，治风湿性关节炎、毒蛇咬伤等。中、低海拔分布。

清风藤科 Sabiaceae

$*K_5C_5A_5\underline{G}_{(2:2:1-2)}$

红柴枝 *Meliosma oldhamii* Miq. ex Maxim. 落叶乔木。腋芽球形，密被褐色柔毛。一回奇数羽状复叶，小叶7~15，小叶边缘疏生尖锐锯齿。圆锥花序直立顶生，花白色。核果球形。中海拔林中分布。

鄂西清风藤 *Sabia campanulata* Wall. ex Roxb.subsp. *ritchieae* (Rehder et E.H. Wilson) Y.F.Wu 落叶攀缘木质藤本。叶先端尾状渐尖或渐尖。花单生叶腋，深紫色，花瓣果时不增大，早落。多见。

罂粟科 Papaveraceae

$*K_2C_{4-6}A_{\infty,4}\underline{G}_{(2-16:1:\infty)}$

博落回 *Macleaya cordata* (Willd.) R. Br. 多年生草本，含橙红色汁液。茎直立，光滑，被白粉。叶掌状浅裂，背面具白粉及白色细毛。蒴果扁平。散瘀消肿、祛风解毒、杀虫止痒。荒地多见。

荷青花 *Hylomecon japonica* (Thunb.) Prantl et Kündig 多年生草本，具黄色汁液。茎具条纹，无毛。叶羽状全裂。花瓣 4，黄色。蒴果细长圆柱形。根入药，具祛风湿、活络、止痛功效。中海拔分布，多见。

紫堇科 Fumariaceae

$\uparrow K_2C_{2+2}A_{3+3}\underline{G}_{(2:1:2-\infty)}$

刻叶紫堇 *Corydalis incisa* (Thunb.) Pers. 二年或多年生草本。叶二回三出，末回裂片先端多细缺刻。花紫色，距圆筒形。蒴果条形，成熟后下垂，弹裂，果瓣背卷。种子黑色。杀虫止痒。早春极常见。

蛇果黄堇 *Corydalis ophiocarpa* Hook. f. et Thomson 草本。叶二回羽状分裂，一回裂片约5对，末回裂片羽状深裂或浅裂；叶柄具膜质翅。花淡黄色或黄绿色，花长 0.9 ~ 1.2 cm，距长 3 ~ 4 mm。蒴果扁圆柱状而弯曲。根入药。海拔 1400 m 以下分布，少见。

黄堇 *Corydalis pallida* (Thunb.) Pers. 一年生草本。叶二回羽状全裂。花黄色，长 0.9 ~ 1.2 cm；距短囊状，长 3 ~ 4 mm。蒴果念珠状。活血止痛。多见。

连香树科 Cercidiphyllaceae

♂ $*K_0C_0A_\infty$　♀ $*K_0C_0\underline{G}_{4-8:4-8:1-\infty}$

连香树 *Cercidiphyllum japonicum* Sieb. et Zucc. 落叶乔木。有长、短枝之分。叶对生，卵状心形，纸质，无毛，掌状脉。花单性，先叶开放。治惊风抽搐。中、高海拔林中分布，树木园、画眉山庄有栽培。

金缕梅科 Hamamelidaceae

$*K_{(4-5)}C_{4-5}A_{4-5}\overline{G}_{(2:2:1-2)}$

腺蜡瓣花 *Corylopsis glandulifera* Hemsl. 落叶灌木。嫩枝、被丝托外面及子房均无毛。叶片基部斜心形，基出侧脉外侧的二级侧脉显著。近似种**蜡瓣花** *C. sinensis* Hemsl. 嫩枝，被丝托外面及子房均有星状毛。中、低海拔分布，少见。

牛鼻栓 *Fortunearia sinensis* Rehder et E. H. Wilson 落叶灌木或小乔木。嫩枝具星状柔毛。叶缘有波状齿，齿端有突尖，背面脉上有星状毛。蒴果有柄，宿存花柱先端伸直，尖锐。中海拔山坡、沟谷分布。

枫香树 *Liquidambar formosana* Hance 落叶大乔木。芽鳞有树脂，小枝具毛。叶互生，掌状3裂，托叶长1 ~ 1.4 cm。雌花及蒴果有尖锐的萼齿。果入药能镇痛、通经、利尿。常见。

檵木 *Loropetalum chinense* (R. Br.) Oliv. 落叶灌木或小乔木。小枝及叶下被黄褐色星状柔毛。叶片革质，基部稍偏斜，上面粗糙。花瓣 4，条形，乳白色。入药能解热、止血。变种**红花檵木** var. *rubrum* Yieh 枝、叶、花均为红色。多见。

交让木科 Daphniphyllaceae

♂* $K_{2-6} C_0 A_{5-12}$ ♀* $K_5 C_0 \underline{G}_{(2:2:2)}$

交让木 *Daphniphyllum macropodum* Miq. 常绿乔木。叶革质，光滑，多集生枝端，当新叶开放时，老叶常同步全部凋落；叶柄粗壮，平滑，红色。雌雄异株，花无花萼。多种用材，种子可榨油。中、高海拔分布，多见。

杜仲科 Eucommiaceae

♂* $K_0 C_0 A_{4-11}$ ♀* $K_0 C_0 \underline{G}_{(2:1:2)}$

杜仲 *Eucommia ulmoides* Oliv. 落叶乔木。全株有丝状胶质，撕裂时胶丝不易拉断。叶面显著不平整，边缘有细锯齿，无托叶。雄花簇生，有柄；雌花单生于小枝下部。翅果。树皮可降血压。常见。

榆科 Ulmaceae

$*K_{4\sim8}C_0A_{4\sim8}\underline{G}_{(2:1:1)}$

糙叶树 *Aphananthe aspera* (Thunb.) Planch. 落叶乔木。当年生枝和叶柄被糙伏毛，三出脉，侧脉直行，先端直达锯齿内；叶两面均有糙伏毛，上面粗糙。多见。

朴 *Celtis sinensis* Pers. 落叶乔木。当年生小枝密生毛。叶基部偏斜，基出三脉，上面无毛；侧脉未达边缘就弯曲闭合。花杂性同株。果柄和叶柄近等长。种子油可制皂。常见。

榔榆 *Ulmus parvifolia* Jacq. 落叶乔木。树皮不规则鳞状剥落。小枝红褐色，被柔毛。叶片基部偏斜，具单锯齿，上面无毛，有光泽，长 1.5 ~ 5.5 cm，宽 1 ~ 3 cm。秋季开花。木材坚硬，可作农具、家具等，叶及根皮入药。多见。

榆树 *Ulmus pumila* Linn. 落叶乔木。树皮粗糙，小枝灰色，有毛。叶长2～8 cm，宽2～3 cm，具重锯齿或单锯齿；叶柄近无毛。花生于上一年枝的叶腋，春季开放。茎皮为人造棉原料。少见栽培。

红果榆 *Ulmus szechuanica* W. P. Fang 落叶乔木。小枝散生黄白色皮孔，萌芽枝有时具木栓翅。叶长5～9.5 cm，宽2～5 cm，重锯齿；叶柄有柔毛。本种叶较大，翅果仅缺口处有柔毛，易与其他种区别。常见。

大叶榉树（榉树）*Zelkova schneideriana* Hand.-Mazz. 落叶乔木。一年生小枝密被柔毛。叶基部圆形或近心形；羽状脉，侧脉脉端弧形，具桃尖形单锯齿。柱头歪生。近缘种**光叶榉** *Z. serrata* (Thunb.) Makino，一年生小枝无毛或疏被毛；叶缘锯齿尖锐，叶两面无毛或叶下脉上有毛。木材可用于建筑、雕刻。低海拔分布，少见。

大麻科 Cannabaceae

♂*$K_5C_0A_{4-11}$ ♀*$K_{(5)}C_0\underline{G}_{(2:1:1)}$

葎 草 *Humulus scandens* (Lour.) Merr. 蔓性多年生草本。茎有倒生皮刺。叶对生，掌状 3～7 裂。雌花序近球形，苞片小而锐尖。果实外露。清热、解毒。常见。

桑科 Moraceae

♂*$K_4C_0A_4$ ♀*$K_4C_0\underline{G}_{(2:1:1)}$

小构树（楮）*Broussonetia kazinoki* Sieb. et Zucc. 直立灌木，有乳汁。叶卵形至矩圆状披针形，不分裂或 2～3 裂。雌雄花序均为头状花序。聚花果肉质，直径小于 1 cm。叶可解毒止痢。多见。

构 树 *Broussonetia papyrifera* (Linn.) L'Hér. ex Vent. 落叶乔木。小枝密生柔毛，树冠张开。叶基部心形，两侧常不相等，不分裂或 3～5 裂，两面被毛。聚花果球形，成熟时橙红色，肉质。常见。

薜荔 *Ficus pumila* Linn. 常绿木质藤本，有乳汁。叶互生，基部偏斜。幼苗叶小而薄，成年植株叶大而厚革质，基生侧脉发达，托叶环明显。隐头花序。榕果径约 5 ~ 8 cm。果可作凉粉。多见。

珍珠莲 *Ficus sarmentosa* Buch.-Ham. ex J. E. Sm. var. *henryi* (King ex Oliv.) Corner 常绿攀缘藤本，有乳汁。叶互生革质，先端渐尖，基生侧脉短，托叶环明显。榕果较小，成对腋生或单生。根可消肿、解毒。少见。

柘 *Maclura tricuspidata* Carrière 落叶小乔木，具乳汁。茎常具刺。叶形多变，叶脉羽状；侧脉不明显，两面平滑，有托叶痕。聚花果球形。叶可饲蚕。常见。

桑 *Morus alba* Linn. 落叶乔木。有乳汁，小枝无毛。叶卵形，基出三脉，背面脉腋有簇毛，叶缘具锯齿。雄花序、雌花序均为假穗状花序，雌花无花柱。聚花果长 1 ~ 2.5 cm。叶可饲蚕。常见。

鸡桑 *Morus australis* Poir. 落叶小乔木，有乳汁。叶卵形，先端急尖，基部心形，边缘具粗锯齿，不分裂或 3 ~ 5 裂。雌花序近头状，花柱很长，柱头 2 裂。聚花果短椭圆形，成熟时红色或暗紫色。果可食。多见。

荨麻科 Urticaceae

♂*$K_{4-5}C_0A_{4-5}$ ♀*$K_{4-5}C_0\underline{G}_{(2:1:1)}$

苎麻 *Boehmeria nivea* (Linn.) Gaudich. 多年生大型草本。茎被糙伏毛。叶互生，叶片宽卵形或近圆形，背面密被白色毡毛，托叶离生。圆锥花序腋生。与变种**青叶苎麻** var. *tenacissima* (Gaudich.) Miq. 的区别在于叶背面被绿色糙毛，托叶基部合生。常见。

八角麻（悬铃叶苎麻）*Boehmeria tricuspis* (Hance) Makino 多年生直立草本。叶对生，先端显著 3 裂，上面被糙伏毛，背面密被柔毛。雌雄同株。种子用作制皂。常见。

庐山楼梯草 *Elatostema stewardii* Merr. 多年生草本。茎具凹槽和棱，常具珠芽。叶二列互生，两侧不对称，基部极偏斜，先端渐尖或长渐尖。常见。

大蝎子草 *Girardinia diversifolia* (Link) Friis subsp. *diversifolia* 多年生草本；全株有螫毛。茎常 4 棱。叶互生，常 3 裂；托叶合生。雌雄异株。可治肿瘤、心血管疾病。螫毛含皮肤刺激物质，勿碰！常见。

糯米团 *Gonostegia hirta* (Blume ex Hassk.) Miq. 多年生草本，鲜茎叶揉之成黏团。茎生白色短毛。叶对生，具短柄或无柄，叶片全缘，无毛或疏生短毛，上面粗糙，基生脉3。根药用，全草作饲料。常见。

花点草 *Nanocnide japonica* Blume 多年生小草本，植物体有向上弯的细螯毛。茎常直立。叶互生，具粗圆齿；托叶侧生。雄花序长于叶。治咳嗽痰血。少见。

毛花点草 *Nanocnide lobata* Wedd. 多年生丛生草本，植物体有向下弯的细螯毛。茎常上升或平卧。叶互生，具粗圆齿，托叶侧生。雄花序短于叶，花淡黄绿色。治烧伤。常见。

长柄冷水花 *Pilea angulata* (Blume) Blume subsp. *petiolaris* (Sieb. et Zucc.) C. J. Chen 多年生草本。茎明显具棱，通常被毛，节间有一深色、显著膨大部位。常见。

透茎冷水花 *Pilea pumila* (Linn.) A. Gray 一年生多汁草本。茎肉质粗壮，无棱，鲜时透明，节间各部位不膨大。叶对生，基出三脉；托叶小，早落。聚伞花序蝎尾状。入药，清热利尿。多见。

玻璃草（三角叶冷水花） *Pilea swinglei* Merr. 一年生草本。叶片卵圆形或三角状宽卵形，长宽相等或长略大于宽，下面常有蜂窝状凹点。少见。

胡桃科 Juglandaceae

♂*$P_{3-6}A_{8-10}$ ♀*$P_{3-5}\overline{G}_{(2:1:1)}$

山核桃 *Carya cathayensis* Sarg. 落叶乔木。裸芽，新枝密被褐黄色腺鳞，小枝具实心髓。叶下面中脉疏被毛或脱落近无毛，被褐黄色腺鳞；小叶5 ~ 7。"外果皮"4 纵棱中有 2 棱从顶端达果基部，坚果长 2 ~ 2.5 cm。常见栽培。

青钱柳 *Cyclocarya paliurus* (Batalin) Iljinsk. 落叶乔木。枝具片状髓。小叶具细锯齿及腺鳞，上部小叶常互生。雌雄花序均为柔荑花序，下垂；雄花花被整齐。果翅汇拢成圆形围绕坚果。叶入药，具增强免疫力、降血糖作用。多见。

胡桃楸（华东野核桃） *Juglans mandshurica* Maxim. 落叶乔木。枝具片状髓。小叶 9 ~ 23，具细锯齿，下面被星状毛及平伏柔毛，长成后被毛或无毛。花药被毛。种仁、青果和树皮入药，为多种用材。多见。

化香树 *Platycarya strobilacea* Sieb. et Zucc. 落叶乔木。枝具实心髓。小叶无柄，叶缘具尖细重锯齿，下部小叶常较小。雌雄花序均直立。果序球果状，宿存苞片木质化，坚果具翅。果实及树皮含单宁，可作染料用。常见。

枫杨 *Pterocarya stenoptera* C. DC. 落叶乔木。枝具片状髓。叶轴有狭翅，顶生小叶常退化。雌雄花序均下垂，雄花花被不整齐。坚果具翅。树皮治癣、湿疹，种子可榨油。多见。

壳斗科 Fagaceae

♂*$K_{4-6}C_0A_{4-20}$ ♀*$K_{3+3}C_0\overline{G}_{(3-6:3-6:2)}$

锥栗 *Castanea henryi* (Skan) Rehder et E. H. Wilson 落叶大乔木。无顶芽；幼枝无毛。叶平滑无毛。以叶尾尖、每个壳斗内仅含1个橢果区别于同属其他种。少见。

板栗 *Castanea mollissima* Blume 落叶乔木。无顶芽；幼枝有毛。叶柄长 12 ~ 20 mm，叶背无腺鳞、被星状毛。壳斗球形，密生刺；槲果直径 1.5 ~ 3 cm。食用可健胃补肾。多见。

茅栗 *Castanea seguinii* Dode 落叶小乔木，呈灌木状。无顶芽；幼枝有毛。叶柄长 5 ~ 15 mm，叶背被腺鳞。槲果直径在 1.5 cm 以下。可作染料。叶背被腺鳞、槲果小是本种区别于板栗的关键特征。少见。

苦槠 *Castanopsis sclerophylla* (Lindl.) Schottky 常绿乔木。小枝具棱。叶背面银灰绿色，边缘中部以上有锯齿，基部宽楔形。壳斗深杯形，苞片鳞片状三角形。槲果可做豆腐。常见。

青冈栎 *Cyclobalanopsis glauca* (Thunb.) Oerst. 常绿乔木。小枝及树皮灰褐色，无毛。叶片中部以上有锯齿，下面被灰白色鳞秕和平伏毛，先端渐尖，侧脉 9 ～ 12 对。雄花序下垂；壳斗碗形，苞片合生为 5 ～ 8 条同心环带，环带全缘。多种用材或作观赏栽培。分布于海拔 900 m 以下山坡溪谷，常见。

东南石栎 *Lithocarpus harlandii* (Hance ex Walp.) Rehder 常绿乔木。小枝无毛，有沟槽，具棱角。叶硬革质，全缘。雄花序直立；壳斗浅盘状，直径 1.5 cm 以上。多种用材。常见。

麻栎 *Quercus acutissima* Carruth. 落叶乔木。叶缘锯齿具芒，背面绿色，多无毛。雄花序下垂；壳斗的鳞片锥形，背曲。果顶端圆。饲柞蚕，多种用材。常见。

白栎 *Quercus fabri* Hance 落叶乔木。小枝有毛，直径约 2 mm。叶具波状缺刻，较浅，幼时背面有灰黄色星状绒毛，叶柄长 3～5 mm。雄花序下垂；壳斗能提取栲胶。常见。

枹栎 *Quercus serrata* Murray 落叶乔木。小枝无毛或近无毛。叶常近枝端集生，具内弯浅腺齿，叶柄长仅 2～5 mm。雄花序下垂；壳斗杯形。多种用材。极常见。

栓皮栎 *Quercus variabilis* Blume 落叶乔木。木栓层发达，小枝无毛。叶缘具芒状锯齿，叶背面密生灰白色星状毛。栓皮用于绝缘、隔热、隔音、软木产品。少见。

桦木科 Betulaceae

♂*$K_{0 或 (4)}C_0A_{1-8}$

♀*$K_{0 或 (4-10)}C_0\overline{G}_{(2:2:2)}$

桤木 *Alnus cremastogyne* Burkill 落叶乔木。叶缘具几不明显而稀疏的钝齿，下面密生腺点。花序梗长 3 ~ 8 cm，下垂；雌花序单生叶腋。果翅膜质，翅宽为果的 1/2。少见，浮玉山庄旁有栽培。近似种**江南桤木** *A. trabeculosa* Hand.-Mazz. 雌花序 2 至多枚成总状；花序梗直立。

雷公鹅耳枥 *Carpinus viminea* Lindl. 落叶乔木。树皮灰白色，密生小皮孔。叶缘具规则的重锯齿，先端尾状，侧脉 11 ~ 15 对；叶柄长 1.5 ~ 3.0 cm。果排列为总状。中、高海拔分布。

川榛 *Corylus heterophylla* Fisch. ex Trautv. 落叶灌木。叶缘有不规则重锯齿，先端短尾尖或急尖，侧脉 5 ~ 9 对。果苞钟状，果露出苞片外。中、高海拔分布。

商陆科 Phytolaccaceae

$*K_{(4-5)}C_0A_{6-33}\underline{G}_{4-12:1:1, \text{ 或 } (4-12:4-12:1)}$

垂序商陆 *Phytolacca americana* Linn.
多年生草本。根粗壮，肉质。茎直立，通常带紫红色。叶先端急尖或渐尖，纸质。花序梗纤细，果序下垂，雄蕊和心皮常为10。根可药用。多见。

紫茉莉科 Nyctaginaceae

$*K_{(5)}C_0A_{(1-\infty)}\underline{G}_{1:1:1}$

紫茉莉 *Mirabilis jalapa* Linn. 一年生草本。多分枝，节稍膨大。叶对生。总苞片花萼状，绿色；花单生，有红、白等色，花被筒高脚碟状。果球形，黑色。原产拉美，我国栽培。观赏。根、叶供药用。少见。

苋科 Amaranthaceae

$*K_{3-5}C_0A_{(1-)3-5}\underline{G}_{(2-4:1:1-\infty)}$

牛膝 *Achyranthes bidentata* Blume 多年生草本。茎直立，常四棱形，节部膝状膨大，与叶柄、叶缘常显淡红紫色。叶对生，全缘。穗状花序，花开放后背折而紧贴花序轴。胞果外形似昆虫。根活血通经。常见。

喜旱莲子草 *Alternanthera philoxeroides* (Mart.) Griseb. 多年生草本。茎基部匍匐，节处生根。叶对生，全缘。头状花序具梗，花白色。胞果扁平，边缘翅状。全草入药，凉血解毒。多见。

石竹科 Caryophyllaceae

$*K_{4-5,(4-5)} C_{4-5} A_{5-10} \underline{G}_{(2-5:1:\infty)}$

鹅肠菜（牛繁缕） *Myosoton aquaticum* (Linn.) Moench 多年生草本。茎有棱，基部常匍匐。叶对生，卵形。萼片 5，基部稍合生；花白色，花柱 5。蒴果成熟时 5 瓣裂，裂瓣再 2 裂。全草入药，清热消肿。常见。

繁缕 *Stellaria media* (Linn.) Vill. 一年生或二年生草本。茎基部多分枝，节上生根；植株无星状毛，茎一侧常有一列毛。花瓣 5，二深裂几达基部；雄蕊 5。多见。

星毛繁缕（箐姑草）*Stellaria vestita* Kurz 多年生草本。茎匍匐丛生，密被星状柔毛。叶片长圆形或卵状披针形，先端急尖，两面均被星状柔毛。聚伞花序腋生，花瓣短于萼片，花柱 3，雄蕊 10。三里亭附近常见。

蓼科 Polygonaceae

$*K_5C_0A_8G_{(3:1:1)}$

金线草　*Antenoron filiforme* (Thunb.) Roberty et Vautier 多年生草本。茎直立。叶片椭圆形或倒卵形，先端渐尖或尖，全缘，两面均被粗毛。总状花序长穗状。坚果直径约 2 mm。全草入药，凉血止血，祛痰调经，止痛。其与变种**短毛金线草** var. *neofiliforme* (Nakai) A. J. Li 的区别在于后者茎、叶两面被短伏毛或近无毛。常见。

金荞麦　*Fagopyrum dibotrys* (D. Don) H. Hara 多年生草本。全株光滑。根显著木质化，块状，红褐色。茎直立中空。花序成伞房状，常具 2～4 个穗状总状花序分枝；花梗中部具关节。根入药，清热解毒，排脓去瘀。多见。

何首乌 *Fallopia multiflora* (Thunb.) Haraldson 多年生缠绕草本。托叶鞘筒状，无缘毛；叶卵形或心形。圆锥花序；花被果时增大成翼。块根肥厚，入药补肝肾，益精血，乌须发。常见。

虎杖 *Reynoutria japonica* Houtt. 多年生直立草本。茎中空，无毛，具紫红色斑点。叶片广卵形至近圆形，基部圆形或楔形；托叶鞘先端常倾斜。治跌打损伤。常见。

水蓼(辣蓼) *Polygonum hydropiper* Linn. 一年生草本。茎无毛。叶片有辛辣味，两面密被腺点；托叶鞘先端平截，有缘毛。花被具黄色透明腺点，花序梗无腺体。全草入药，止痢解毒，祛风除湿。多见。

绵毛马蓼 *Polygonum lapathifolium* Linn. var. *salicifolium* Sibth. 一年生粗壮草本。茎常具红紫色斑点，节膨大，茎、叶下面及花序梗均被白色绵毛。花序梗具腺体，花被常4深裂。坚果双凸镜状。原变种**马蓼** var. *lapathifolium* 植株不具白色绵毛。少见。

杠板归 *Polygonum perfoliatum* (Linn.) Linn. 多年生蔓性草本。茎有棱，有钩刺。叶正三角形，叶柄盾状着生，托叶鞘大，叶状抱茎。治疟疾，痢疾，百日咳。常见。

丛枝蓼 *Polygonum posumbu* Buch.-Ham. ex D. Don 一年生细弱草本。茎基部常伏卧，斜上升，下部分枝多。叶卵形或卵状披针形，先端尾尖，托叶鞘顶端截形，具较鞘筒长的缘毛。花序细弱，花簇间断，花被无腺点。近似种**长鬃蓼** *P. longisetum* De Bruijn 叶片更狭长，两面无毛或仅下面中脉有小糙毛。而**愉悦蓼** *P. jucundum* Meisn 花序紧密、不间断。常见。

酸模 *Rumex acetosa* Linn. 多年生草本。叶无毛，基生叶叶基箭形。内轮花被片果期增大为圆心形，边缘波状。坚果椭圆形。全草入药，凉血解毒。基生叶形态与羊蹄易于区别。多见。

羊蹄 *Rumex japonicus* Houtt. 多年生草本。叶无毛，叶缘波状，基生叶叶基心形。内轮花被片具不整齐小齿及卵形瘤状凸起。坚果宽卵形，具3棱。根入药止血、通便。常见。

芍药科 Paeoniaceae

$*K_{3-7}C_{5-13}A_{\infty}\underline{G}_{2-5:2-5:\infty}$

芍药 *Paeonia lactiflora* Pall. 多年生草本。二回三出羽状复叶，小叶常3裂，叶缘具白色骨质细齿。花常数朵顶生及腋生，心皮无毛。根活血镇痛。栽培。

牡 丹 *Paeonia suffruticosa* Andrews
不同于芍药之处主要是小灌木。花盘
发达，心皮密生柔毛。花供观赏，根
皮为镇痛药。栽培。

山茶科 Theaceae

$K_{4-\infty}C_{5,(5)}A_\infty\underline{G}_{(2-8:2-8:1-3)}$

油茶 *Camellia oleifera* Abel 常绿灌
木。枝干光滑，橙黄色。叶革质，叶
面中脉具毛。苞片和萼片未分化；花
白色，无花梗，花柱合生先端不同程
度3裂；子房被毛。蒴果3裂，果瓣
厚硬。种子可榨油。常见。

茶 *Camellia sinensis* (Linn.) O. Kuntze
常绿灌木。小枝有柔毛。叶薄革质，
叶缘有细锯齿。花白色，子房3室，
被毛。蒴果3裂。嫩叶可制茶，提
神、强心。常见。

格药柃 *Eurya muricata* Dunn 常绿灌木。嫩枝圆柱形，与顶芽均无毛。叶片革质，表面光亮，边缘具浅细齿，叶背面干后淡绿色。花药具分隔，花柱3浅裂。树皮可提取栲胶。常见。

木荷 *Schima superba* Gadner et Champ. 常绿乔木。叶片厚革质，无毛，边缘具浅钝锯齿。花白色；子房上位，密生柔毛。蒴果扁球形，种子周围有翅。常见。

长喙紫茎 *Stewartia rostrata* Spongberg 落叶乔木。冬芽两侧压扁状。叶下面散生长毛。萼片先端尖；花柱长达16 mm。蒴果无中轴。可供园林观赏。中、高海拔分布。

猕猴桃科 Actinidiaceae

$*K_5C_5A_{10-\infty}\underline{G}_{(3-\infty;3-\infty;\infty)}$

中华猕猴桃 *Actinidia chinensis* Planch.
落叶大藤本，植株被毛。叶片纸质，
边缘具刺毛状小齿。聚伞花序，花瓣
5。果熟时黄褐色，密被毛。果富含
维生素，根入药。多见。

藤黄科（金丝桃科）Guttiferae

$*K_{3-6}C_{3-6}A_{\infty}\underline{G}_{(3-5:3-5:1-2)}$

地耳草 *Hypericum japonicum* Thunb.
草本，高6～40 cm。茎具4棱。叶
对生，有微细透明腺点。花小，白色
至淡黄色。全草入药，具清热解毒、
止血消肿之效。多见。

元宝草 *Hypericum sampsonii* Hance
多年生草本。茎圆柱形。对生叶基
部合生成元宝状，全叶散生黑色斑
点及透明腺点。蒴果3裂。治吐血。
多见。

椴树科 Tiliaceae

$*K_5C_5A_\infty\underline{G}_{(2-4:2-4:2-8)}$

田麻 *Corchoropsis tomentosa* (Thunb.) Makino 一年生草本。枝叶具星状短柔毛。叶缘具钝齿，基出脉3。花单生叶腋，黄色。蒴果角状圆筒形，具星状柔毛。茎皮纤维发达，可制绳索和麻袋。多见。

扁担杆 *Grewia biloba* G. Don 灌木。茎枝纤维发达，小枝及叶柄密被褐色星状毛。叶缘具不整齐锯齿，基出脉3，托叶条形。聚伞花序与叶对生。核果红色，有2～4颗分核。枝叶可健脾、养血、祛风湿。多见。

锦葵科 Malvaceae

$*K_{(5)}C_5A_{(\infty)}\underline{G}_{(3-\infty:3-\infty:1-\infty)}$

苘麻 *Abutilon theophrasti* Medik. 一年生草本。茎被柔毛。叶圆心形，有细圆锯齿，两面密被星状毛。叶柄、花梗、花萼被毛。花黄色。分果成熟时近黑色。茎皮纤维发达可供编织用，种子入药可利尿、通乳，全草有祛风解毒之效。多见。

木槿 *Hibiscus syriacus* Linn. 落叶灌木。小枝密被黄色星状绒毛。叶菱形至三角状卵形，3裂或不裂。花单生枝端叶腋，钟形，淡紫色。蒴果密被黄色星状绒毛。常用于园林观赏，茎皮纤维发达，可造纸。少见。

大风子科 Flacourtiaceae

♂* K$_{3-8}$ C$_{3-8}$ A$_\infty$　♀* K$_{3-8}$ C$_{3-8}$ $\underline{G}_{(2-10:1:\infty)}$

山桐子 *Idesia polycarpa* Maxim. 落叶乔木。小枝具明显皮孔。叶上面深绿色，背面有白粉，脉腋内密生柔毛；叶柄上部及叶片基部有2~4个紫色腺体。圆锥花序下垂，花单性，无花瓣。浆果熟时红色。观赏，种子可榨油。多见。

旌节花科 Stachyuraceae

*K$_{2+2}$C$_4$A$_8$$\underline{G}_{(4:1-4:\infty)}$

中国旌节花 *Stachyurus chinensis* Franch. 落叶灌木。小枝具淡色椭圆形皮孔。先花后叶，叶先端短尾尖，边缘为粗锯齿。穗状花序腋生，花黄色。果实圆球形，无毛，近无梗。常见。

堇菜科 Violaceae

$\uparrow K_5 C_5 A_5 \underline{G}_{(3:1:\infty)}$

南山堇菜 *Viola chaerophylloides* (Regel) W. Becker 多年生草本。无地上茎。托叶大部分与叶柄合生；叶片 3 全裂，裂片再裂。花较大，有香味。蒴果大，无毛。全草可治风热咳嗽。中海拔分布，常见。

七星莲（蔓茎堇菜）*Viola diffusa* Ging. 多年生草本。全株被长柔毛，花期生出地上匍匐枝，顶端常具与基生叶大小相似的簇生叶。托叶中部以下与叶柄合生，分离部分有疏齿。花白色或具紫色脉纹，距呈囊状。多见。

紫花堇菜 *Viola grypoceras* A. Gray 多年生草本。有直立茎，全株无毛。基生叶心形或宽心形，托叶离生，边缘栉节状深裂。花淡紫色。蒴果椭圆形，密生褐色腺点。入药可清热解毒。多见。

紫花地丁 *Viola philippica* Cav. 多年生草本。无地上茎。叶多数，基生，莲座状；托叶膜质，边缘疏生具腺体的流苏状细齿。花中等大，紫堇色。蒴果长圆形，无毛。常见。

葫芦科 Cucurbitaceae

♂* $K_{(5)} C_5 A_{1(2)(2)}$ ♀* $K_{(5)} C_{(5)} \overline{G}_{(3:3:\infty)}$

绞股蓝 *Gynostemma pentaphyllum* (Thunb.) Makino 草质攀缘植物。茎细弱；卷须纤细，二歧。叶鸟足状，5～7小叶。花雌雄异株，花冠淡绿色。果实肉质不裂，球形，成熟时黑色。常见。

南赤瓟 *Thladiantha nudiflora* Hemsl. 攀援草本。全株密被柔毛状硬毛。茎有棱沟，卷须上部二歧。叶卵状心形。雌雄异株，花冠黄色。果实长圆形，干后红褐色。种子表面具明显网纹。常见。

台湾赤瓟 *Thladiantha punctata* Hayata
攀缘草本。全株无毛；卷须单一。叶长卵形，边缘有小齿，叶上面密布白色疣状糙点，背面平滑。雌雄异株，花黄色。果实卵形，表面平滑。种子褐色，种子具不明显的疣状突起。多见。

栝楼 *Trichosanthes kirilowii* Maxim.
攀缘草本。块根肥大，富含淀粉。卷须3～7歧。叶掌状浅裂。花单性异株，夜间开花；花冠白色，先端丝裂。果成熟时橙红色，光滑。根、果、种子均可入药，清热止渴，利尿，镇咳祛痰。多见。

杨柳科 Salicaceae

♂*$K_0C_0A_{2-8}$ ♀↑$K_0C_0G_{(2:1:\infty)}$

响叶杨 *Populus adenopoda* Maxim.
落叶乔木。有顶芽，芽鳞多数。叶柄先端侧扁，顶端有2突起腺点，锯齿先端具腺点、内曲。苞片先端分裂；柔荑花序下垂。根、叶、茎可治风痹、四肢不遂，龋齿。多见。

银叶柳 *Salix chienii* W. C. Cheng 小乔木。无顶芽，芽鳞1。叶背面被银白色绢毛。柔荑花序常直立。根或茎叶入药，治感冒发热、咽喉肿痛、皮肤瘙痒。少见。

十字花科 Cruciferae

$K_{2+2}C_{2+2}A_{2+4}\underline{G}_{(2:1:\infty)}$

荠 *Capsella bursa-pastoris* (Linn.) Medik. 一或二年生草本。茎直立少分枝。基生叶莲座状，茎生叶基部箭形。总状花序，花白色。短角果倒三角心形。食用或药用。常见。

碎米荠 *Cardamine hirsuta* Linn. 一或二年生矮小草本。小型羽状复叶，小叶形态变化较大。花白色。长角果。广泛分布。可入药或作野菜。常见。

弹裂碎米荠 *Cardamine impatiens* Linn. 草本。茎直立，有纵棱槽。奇数羽状复叶；茎生叶基部两侧有被缘毛的狭披针形叶耳，抱茎。长角果成熟时果瓣自下而上弹卷开裂。全草入药，清热利湿、解毒利尿。常见。

白花碎米荠 *Cardamine leucantha* O. E. Schulz 多年生草本。全株被毛。茎生大型羽状复叶，有粗大锯齿。花白色。长角果，不开裂。全草入药能清热利湿。近似种**大叶碎米荠** *C. macrophylla* Willd. 茎生叶有小叶3 ~ 6对，花紫色。中、高海拔分布。

臭荠 *Coronopus didymus* (Linn.) Sm. 匍匐草本。全株有臭味。茎有长柔毛。叶片羽状分裂。短角果扁肾球形，成熟时2室分离，不开裂。可治骨折。常见。

蔊菜 *Rorippa indica* (Linn.) Hiern 一或二年生草本。茎直立有分枝，有纵棱槽，有时带紫色。叶形多变。花黄色，花瓣 4。长角果。药用可止咳化痰、解表健胃。多见。

杜鹃花科 Ericaceae

$*, \uparrow K_{(5-4)-0}C_{5-4, (5-4)}A_{10-8}\underline{G}, \overline{G}_{(2-5:2-5:\infty)}$

满山红 *Rhododendron mariesii* Hemsl. et Wilson 落叶灌木。树皮灰色。枝常轮生，幼枝有绢状柔毛。叶 2 ~ 3 集生枝顶，卵形，被毛。花梗常为芽鳞覆盖，雄蕊 10。蒴果密被毛。治关节炎、气管炎。多见。

羊踯躅 *Rhododendron molle* (Blume) G. Don 落叶灌木。幼时密被灰白色柔毛及疏刚毛。叶纸质，上下均被毛。先花后叶，花黄色，内有深红色斑点。蒴果圆锥状长圆形。著名有毒植物，可治风湿性关节炎。少见。

马银花　*Rhododendron ovatum* (Lindl.) Planch. ex Maxim. 常绿灌木。叶革质，常集生枝顶，除上面中脉有毛外两面无毛，先端凹缺，有一短尖头。花生于枝顶叶腋，花冠淡紫色，上方裂片内面具深色斑。蒴果阔卵球形，密被灰褐色短柔毛和腺体。多见。

映山红〔杜鹃〕　*Rhododendron simsii* Planch. 半常绿灌木。小枝、叶、花梗、子房均密被扁平糙状毛。叶革质，二型，春叶在枝上散生，夏叶簇生枝端。花冠鲜红色。药用或观赏。常见。

乌饭树〔南烛〕　*Vaccinium bracteatum* Thunb. 常绿灌木。叶革质，边缘有细锯齿。总状花序顶生和腋生，苞片宿存；花冠白色，卵状圆筒形，雄蕊10，内藏。浆果成熟时紫黑色。果熟后可食，枝叶浸米，可做"乌饭"。多见。

柿科 Ebenaceae

♂* $K_{(3-7)}C_{(3-7)}A_{6-14}$

♀* $K_{(3-7)}C_{(3-7)}\underline{G}_{(2-8:2-16:1-2)}$

老鸦柿 *Diospyros rhombifolia* Hemsl. 落叶有刺灌木。芽鳞及幼枝有褐色短毛。叶纸质，菱状倒卵形。花单生于叶腋，单性异株，花冠白色，壶形，宿存萼片近长圆状披针形。果径1.6～2 cm。根或枝入药治肝硬化、跌打损伤。多见。

安息香科（野茉莉科）Styracaceae

* $K_5C_{(5)}A_{10}\underline{G}_{(4:4:\infty)}$

小叶白辛树 *Pterostyrax corymbosus* Sieb. et Zucc. 落叶小乔木。幼枝、幼叶、花序被星状毛。叶纸质，倒卵形。花乳白色，生于圆锥花序分枝的一侧，花梗极短。核果及种子密被星状毛。本种为速生树种，可用于造林和庭园绿化。少见。

垂珠花 *Styrax dasyanthus* Perkins 落叶灌木或小乔木。嫩枝紫红色。叶革质，第三级小脉网状，两面均明显隆起。圆锥花序或总状花序，花序梗和花梗均密被灰黄色星状细柔毛；花白色。果实卵形，平滑。多见。

山矾科 Symplocaceae

$* K_{(5)}C_{(5)}A_\infty \overline{G}_{(2:2:2-4)}$

白檀 *Symplocos paniculata* Miq. 落叶灌木。叶片背面、幼枝、花序被柔毛。叶脉在背面显著隆起，主脉基部比上部显著较宽。圆锥花序，花白色。核果蓝黑色。叶可入药，种子油可制皂。常见。

山矾 *Symplocos sumuntia* Buch.-Ham. ex D. Don 常绿乔木。幼枝褐色，被微柔毛，老枝黑褐色。叶薄革质，两面无毛，干后两面变黄绿色。总状花序被柔毛，花冠白色。核果卵状坛形。叶可做染料，根、叶、花均入药。多见。

紫金牛科 Myrsinaceae

$* K_5 C_{(5)} A_5 \underline{G}_{(1:1:\infty)}$

硃砂根 *Ardisia crenata* Sims 小灌木。全株无毛。叶常聚生枝顶，边缘皱波状，具圆齿；齿缝间有黑色腺体，两面具点状凸起的腺体，边缘具腺点。果球形，鲜红色。根叶可清热利咽，舒经活血。多见。

紫金牛 *Ardisia japonica* (Thunb.) Blume
小灌木。近蔓生。叶对生或近轮生，近革质，边缘具腺齿。花序腋生，花梗常下弯，花粉红色，具密腺点。果球形，鲜红色后变黑色，具腺点。全株药用，止咳，平喘。常见。

报春花科 Primulaceae

* $K_5C_{(5)}A_5 \underline{G}_{(5:1:\infty)}$

点地梅 *Androsace umbellata* (Lour.) Merr. 草本。全株密被灰白色细柔毛。叶全部基生，边缘具粗大钝齿。花葶多数、细长；花梗细长，花冠白色，花萼果期增大呈星状展开。蒴果近球形。全草入药，主治口腔炎、扁桃体炎等。少见。

虎尾珍珠菜（虎尾草）*Lysimachia barystachys* Bunge 多年生草本。全株密被卷曲柔毛。茎直立。叶近无柄。总状花序顶生；花密集，常转向一侧；花冠白色，常有暗紫色短腺条。蒴果球形。中、高海拔分布。

泽珍珠菜　*Lysimachia candida* Lindl. 草本。全株无毛。茎直立，基部红色。叶匙形至倒披针形，两面散生深色腺点及腺条。总状花序顶生，花冠白色，花柱稍伸出花冠。蒴果球形。全草主治跌打损伤及蛇伤。常见。

过路黄　*Lysimachia christinae* Hance 匍匐草本。茎柔弱。叶、花萼、花冠具透明腺条，干时腺条黑色。叶对生，叶片近心形。花单生于叶腋，具长梗。蒴果球形，无毛，具稀疏黑色腺体。全草入药治结石。常见。

长梗过路黄　*Lysimachia longipes* Hemsl. 一年生无毛草本。茎直立，干时麦秆黄色。叶对生，先端长渐尖，基部圆形，几乎无柄。叶两面及花被散生深色腺点及腺条。伞房状总状花序，总花梗纤细，花黄色。治疟疾及小儿惊风。多见。

海桐花科 Pittosporaceae

$*K_5C_5A_5\underline{G}_{(2-3:1:\infty)}$

海金子（崖花海桐） *Pittosporum illicioides* Makino 常绿灌木或小乔木。嫩枝无毛。叶互生，常簇生枝端，叶片先端渐尖。花梗纤细。蒴果3瓣裂。种子红色。根、叶、种子可药用。常见。

绣球花科 Hydrangeaceae

$*K_{(4-5)}C_{4-5}A_{4-5+4-5+4-5}\underline{G}_{(3-5:3-3:1-\infty)}$

宁波溲疏 *Deutzia ningpoensis* Rehder 落叶灌木。小枝红褐色，有星状毛。叶对生，背面灰白色，密被星状毛。圆锥花序塔形。根可杀虫。近似种**黄山溲疏** *D. glauca* W. C. Cheng 叶背面绿色，无毛或被极稀疏星状毛，花序无毛。常见。

中国绣球（伞形绣球） *Hydrangea chinensis* Maxim. 灌木。小枝初时被短柔毛。叶下面脉腋常有髯毛。孕性花黄色。常见。

圆锥绣球　*Hydrangea paniculata* Sieb. 落叶灌木或小乔木。叶互生，在枝上部有时 3 叶轮生。圆锥花序塔形，花白色，二型：放射花仅具大型萼片 4，孕性花较小；子房半下位。根入药，清热抗疟。常见。

粗枝绣球（乐思绣球）*Hydrangea robusta* Hook. f. et Thomson 直立灌木。小枝密被黄褐色短粗毛。叶两面被毛。伞房状聚伞花序，有放射花；孕性花紫色，花瓣离生，各自脱落，花柱 2；子房下位。种子两端突收缩成翅。入药，清热解毒。极常见。

浙江山梅花　*Philadelphus zhejian-gensis* S. M. Hwang 落叶灌木。小枝对生，无毛。叶对生，两面多少被毛，无托叶，离基 3 或 5 出脉。花序轴及萼片外无毛，花径达 2.8 ~ 3.5 cm。近似种**太平花** *P. pekinensis* Rupr. 叶两面无毛；**绢毛山梅花** *P. sericanthus* Koehne 小枝、花序轴、萼片外面常疏被毛。多见。

钻地风 *Schizophragma integrifolium* Oliv. 攀缘灌木。有气生根，小枝无毛。叶对生，卵形、宽卵形，背面无毛或沿脉微被毛，侧脉细小、弯拱。伞房花序被锈色柔毛，放射花仅具增大的萼片1枚。根、茎入药，可祛风活血、清热解毒。极常见。

景天科 Crassulaceae

$*K_{4-5}C_{4-5, 稀(4-5)}A_{4-5+4-5}\underline{G}_{4-5, 稀(4-5):4-5:\infty}$

紫花八宝 *Hylotelephium mingjinianum* (S. H. Fu) H. Ohba 多年生肉质草本。茎直立，不分枝，节处稍呈之字形弯曲。叶互生，基部渐狭成柄。花紫色；雄蕊10；心皮5，基部分离。喜生于石缝中。全草入药，活血生肌、止血解毒。少见。

费菜 *Phedimus aizoon* (Linn.) 't Hart 多年生草本。茎高约20～50 cm，直立，光滑，不分枝。叶互生，椭圆状披针形，长3.5～8 cm，先端渐尖，边缘具不整齐锯齿。聚伞花序多花，平展；萼片5，线形，不等长；花瓣5，黄色，具短尖。全草入药，可止血散瘀，安神镇痛。中、高海拔分布。

东南景天 *Sedum alfredii* Hance 多年生丛生草本。不育茎高 3 ~ 5 cm。叶互生，条状楔形至匙状倒卵形，长 12 ~ 30 mm，宽 2 ~ 6 mm。聚伞花序顶生，苞片叶状；萼片 5，常不等大，基部有距，花瓣黄色；花药紫褐色。多见。近似种**珠芽景天** *S. bulbiferum* Makino 茎上叶腋常有珠芽。叶长约 10 ~ 15 mm；**细小景天** *S. subtile* Miq. 不育茎与花茎上的叶异形。

凹叶景天 *Sedum emarginatum* Migo 多年生草本。叶对生，匙状倒卵形，长 1 ~ 2 cm，先端具凹缺。聚伞花序顶生，常具 3 分枝，萼片 5，先端钝；花瓣 5，条状披针形。近似种**圆叶景天** *S. makinoi* Maxim. 叶先端钝圆。少见。

垂盆草 *Sedum sarmentosum* Bunge 多年生草本。不育茎葡匐，节上生不定根。3 叶轮生，长 15 ~ 25 mm，宽 3 ~ 8 mm，基部有短距。心皮 5。全草能清热解毒，亦治肝炎。多见。

虎耳草科 Saxifragaceae

$*\uparrow K_{4-5} C_{4-5} A_{4-5+4-5} \underline{G}_{(2-5:1-3:\infty)}$

落新妇 *Astilbe chinensis* (Maxim.)
Franch. et Sav. 多年生直立草本。茎
无毛。基生叶为二至三回羽状复
叶。花序轴密被棕褐色卷曲柔毛；花
瓣红紫色；心皮 2，基部合生。根
状茎入药，能散瘀止痛、祛风除湿。
多见。

大叶金腰 *Chrysosplenium macrophyllum*
Oliv. 多年生草本。叶互生，革质，
阔卵形至狭椭圆形，边缘具圆齿。
花茎疏生褐色长柔毛；多歧聚伞花
序，子房半下位。蒴果先端近平截
而微凹。种子黑褐色。入药，可
治小儿惊风和肺、耳疾病。中海拔
分布。

虎耳草 *Saxifraga stolonifera* Curtis
多年生草本。纤匍枝细长。叶圆形或
肾形，表面有直立的毛。花白色，上
方 3 瓣较小，下方 2 瓣特长。蒴果顶
端 2 深裂。治中耳炎、咽炎、疮疖等
症。常见。

130

蔷薇科 Rosaceae

$*K_{(5)}C_5A_{5-\infty}\underline{G}_{\infty-1:\infty-1:1}, \overline{G}_{(5-2:5-2:2)}$

龙牙草 *Agrimonia pilosa* Ledeb. 多年生草本。茎及叶被毛。奇数羽状复叶，小叶片不等大，托叶具齿。果连钩刺长7～8 mm。全草入药，可收敛止血、驱虫。常见。

迎春樱桃 *Cerasus discoidea* T. T. Yu et C. L. Li 落叶乔木。叶片先端骤尾尖或尾尖，边缘有锐尖锯齿，齿端具腺体，叶柄顶端有1～3个盘状腺体，托叶边缘有小盘状腺体。苞片绿色、宿存，边缘有小盘状腺体。早春开花。同属常见栽培**日本晚樱** *C. serrulata* (Lindl.) G. Don ex London var. *lannesiana* (Carr.) Makino 叶缘具长芒状重锯齿。花重瓣。多见。

野山楂 *Crataegus cuneata* Sieb. et. Zucc. 落叶灌木。分枝密，常具细刺。叶上面无毛，先端常3浅裂，基部楔形，下延至叶柄。花白色。果实有小核4～5。果鲜食、酿酒，入药，可健胃消食。多见。

蛇莓　*Duchesnea indica* (Andrews) Teschem. 多年生草本。茎匍匐细长。三出复叶，基生叶有长柄。副萼片顶端3～5齿裂，长于萼裂片。花瓣5，黄色。花托果期鲜红。用于蛇虫咬伤、烫伤等。多见。

柔毛路边青　*Geum japonicum* Thunb. var. *chinense* F. Bolle 多年生草本。全株密被淡黄色短柔毛。基生叶为大头羽状复叶。花托隆起，果时花托具淡黄色长硬毛。全草有降压、镇痉、消肿解毒之效。多见。

棣棠　*Kerria japonica* (Linn.) DC. 落叶灌木。小枝绿色，幼时有棱，无毛。单叶互生，有尖锐重锯齿，侧脉明显凹下。花瓣黄色，先端下凹。瘦果有皱褶。观赏。茎髓可通乳利尿。多见。

石楠 *Photinia serrulata* Lindl. 常绿灌木或小乔木。幼枝和花序无毛。叶片革质，背面无黑色腺点，叶柄长2 ~ 4 cm。复伞房花序。观赏、多种用材或药用。多见。

蛇含委陵菜 *Potentilla kleiniana* Wight et Arn. 柔弱草本。节处可生根。掌状复叶，茎中、下部叶具5小叶，茎上部叶为3小叶。聚伞花序。全草入药，有清热解毒、消肿止痛之效。多见。

秋子梨 *Pyrus ussuriensis* Maxim. 乔木。树冠宽大。老枝黄褐色，具稀疏皮孔。叶片卵形，边缘具带刺芒状尖锐锯齿。花序密集，具花5 ~ 7，花瓣白色，花药紫色。果实近球形，黄色。果实可食，苗常作为梨的抗寒砧木。高海拔分布。

月季 *Rosa chinensis* Jacq. 常绿或落叶灌木，直立有刺。托叶大部分与叶柄合生，先端分离部分耳状，边缘常有腺毛；小叶两面近无毛，上面有光泽。萼片内面密生长柔毛。栽培观赏。

小果蔷薇 *Rosa cymosa* Tratt. 常绿攀缘灌木。有刺。羽状复叶，托叶与叶柄离生、早落。花梗与被丝托被柔毛；伞房花序，花径 1.5 ~ 2.5 cm；萼裂片花后背折，脱落。蔷薇果直径仅 4 ~ 7 mm。多见。

软条七蔷薇 *Rosa henryi* Boulenger 落叶灌木。叶两面无毛，托叶全缘，与叶柄合生。伞房花序；花白色，花柱结合成圆筒状，显著伸出被丝托口外；萼片在果时脱落。果褐红色。根及果实入药。常见。

金樱子 *Rosa laevigata* Michx. 常绿攀缘灌木。托叶披针形，有腺齿，与叶柄离生或仅基部与叶柄合生。花梗与被丝托密被刺毛；花单生，花径 5～8 cm；萼裂片直立宿存。叶解毒消肿，果涩肠止泻。多见。

野蔷薇 *Rosa multiflora* Thunb. 落叶攀缘灌木。小枝无毛，有皮刺。托叶篦齿状，与叶柄结合。圆锥花序，花白色，花柱结合成束。观赏，花食用或药用。常见。

寒莓 *Rubus buergeri* Miq. 直立或蔓性常绿小藤本。小枝被长柔毛。单叶，叶裂片圆钝，托叶与叶柄离生。外萼片先端浅裂。聚合果紫黑色。果食用或酿酒，根及全株药用。常见。

掌叶覆盆子 *Rubus chingii* H. H. Hu 落叶灌木。幼枝绿色，无毛，有白粉，具刺。单叶，近圆形，掌状5出脉，两面脉上被毛。花单生。果密被灰白毛。果补肾益精，根止咳、活血消肿。多见。

山莓 *Rubus corchorifolius* Linn. f. 落叶直立小灌木。幼枝有短柔毛。单叶，叶背面幼时被毛，掌状3出脉；托叶基部与叶柄合生，早落。花常单生。果球形，被柔毛。果可酿酒，根可活血散瘀。近似种**三花悬钩子** *R. trianthus* Focke 全株无毛，常3花构成花序。多见。

插田泡 *Rubus coreanus* Miq. 落叶灌木。小枝红褐色，被白粉，具皮刺。奇数羽状复叶，小叶背面被柔毛。伞房花序，花小，粉红色。果黑色或蓝黑色。果可酿酒或入药。常见。

蓬蘽 *Rubus hirsutus* Thunb. 半常绿有刺小灌木。枝、叶两面均具柔毛及腺毛。羽状复叶，顶生小叶具小叶柄。花常单生，花径3～4cm。果近球形。果可食，全株可入药。常见。

高粱泡 *Rubus lambertianus* Ser. 半常绿蔓性灌木。茎有棱，具皮刺。单叶，边缘明显3～5浅裂或呈波状；叶柄及中脉下面常散生皮刺；托叶离生，丝裂，早落。圆锥花序顶生，花瓣白色。聚合果红色。果食用或酿酒，根清热散瘀、止血。常见。

太平莓 *Rubus pacificus* Hance 常绿矮小直立或蔓性灌木。枝细，疏生细小皮刺。单叶，革质，宽卵形至长卵形，长8～16 cm；叶背面密被灰色绒毛，基部具掌状5出脉；叶边缘不明显浅裂；托叶大，叶状，顶端缺刻状条裂。花3～6顶生，白色。果实球形，红色。全株入药，清热活血。少见。

茅莓 *Rubus parvifolius* Linn. 落叶小灌木。小叶 3～5，先端钝圆，边缘具重粗锯齿，顶生小叶近菱形。伞房花序；花萼被柔毛和针刺，花瓣红色。聚合果红色。入药，清热解毒、消肿活血。常见。

盾叶莓 *Rubus peltatus* Maxim. 落叶灌木。小枝绿色，有白粉。单叶，盾状着生。花单生叶腋。聚合果圆柱形，橘红色，密被毛。果可食或入药，治腰腿酸痛。中、高海拔分布。

空心泡 *Rubus rosaefolius* Sm. 直立或攀缘灌木。全株无腺毛。小叶 5～7，卵状披针形，有浅黄色发亮的腺点。花常 1～2 朵顶生或腋生，白色。聚合果红色。入药能清凉止咳、祛风湿。常见。

木莓 *Rubus swinhoei* Hance 落叶或半常绿灌木。单叶，不裂，在不育枝和老枝的叶背面被灰白色绒毛，托叶与叶柄离生。顶生总状花序。树皮可提取栲胶。常见。

地榆 *Sanguisorba officinalis* Linn. 多年生草本。茎直立，有棱。羽状复叶，多为基生叶，茎生叶少，小叶边缘具粗大圆钝锯齿。穗状花序圆柱形，萼片4，紫红色。瘦果包藏于宿存被丝托内。根为止血药，可治烧伤。少见。

中华绣线菊 *Spiraea chinensis* Maxim. 落叶灌木。小枝红褐色。叶缘中上部有齿，叶背面脉纹隆起。伞形花序，有总梗；萼片卵状披针形；花序及叶下被黄色绒毛。蓇葖果被毛。多见。

野珠兰 *Stephanandra chinensis* Hance
落叶灌木。小枝细弱，红褐色。叶
长 5 ~ 7 cm，边缘浅裂，具重锯
齿，尾尖部分亦具齿，叶脉显著凹
下。圆锥花序顶生；花白色，雄蕊
10，雌蕊仅 1 心皮。蓇葖果近球形。
常见。

豆科 Leguminosae
含羞草亚科 Mimosoideae

$*K_{(3-6)}C_{3-6 \text{ 或 } (3-6)}A_{\infty \text{ 或 } (3-6)}\underline{G}_{1:1:\infty}$

山槐（山合欢） *Albizia kalkora* (Roxb.)
Prain 落叶小乔木。二回羽状复叶，叶
柄近基部、羽轴最上端一对羽片连接
处各有一个腺体，小叶基部偏斜、先
端圆钝、有细尖头。头状花序；花多
面对称，雄蕊多数。为荒山坡先锋树
种。多见。

云实亚科 Caesalpinioideae

$\uparrow K_{(5)}C_5 A_{10}\underline{G}_{1:1:\infty}$

云实 *Caesalpinia decapetala* (Roth) Alston
落叶攀缘灌木。全株散生倒钩状皮刺。
二回偶数羽状复叶，具羽片 3 ~ 8 对，
小叶两端圆钝，全缘。总状花序顶生，
花黄色。荚果扁，有狭翅。可作绿篱，
全株可入药。多见。

蝶形花亚科 Papilionoideae

$\uparrow K_{(5)} C_5 A_{(9)1\ 或\ (5)+(5)\ 或\ (10)\ 或\ 10}\ \underline{G}_{1:1:\infty}$

紫云英 *Astragalus sinicus* Linn. 二年生草本。茎纤细，基部匍匐。羽状复叶，托叶离生。花冠红紫色。荚果成熟时黑色。优良的绿肥和饲料。多见。

黄檀 *Dalbergia hupeana* Hance 落叶乔木。树皮条状纵裂，当年生小枝绿色。奇数羽状复叶有小叶 9 ~ 11，小叶互生。顶生圆锥花序，花冠淡紫色或黄白色，具紫色条斑。优良木材。多见。

小槐花 *Desmodium caudatum* (Thunb.) DC. 小灌木。羽状三出复叶，叶柄两侧具窄翅，小叶两面疏被毛，先端渐尖。总状花序，雌蕊无柄。荚果带状，具 4 ~ 8 荚节，荚节间略有缢缩。入药，治风寒咳嗽，消化不良。常见。

羽叶长柄山蚂蝗 *Hylodesmum oldhami* (Oliv.) H. Ohashi et R. R. Mill 小灌木。高 1 ~ 1.5 m。羽状复叶，小叶 5 ~ 7，披针形或矩圆状披针形。圆锥花序顶生，疏松，花序轴密生黄色短柔毛；花冠粉红色。荚果长约 2 ~ 3 cm，有两个荚节。多见。

长柄山蚂蝗 *Hylodesmum podocarpum* (DC.) H. Ohashi et R. R. Mill 小灌木。羽状三出复叶，小叶形态变化较大。雌蕊有柄，背缝线在荚节间凹入而成一深缺口。入药，有健脾化湿、祛风止痛功效。多见。

庭藤 *Indigofera decora* Lindl. 落叶小灌木。幼枝被平贴丁字毛。叶柄长 1 ~ 3 cm，小叶 7 ~ 13。花序长于复叶，达 13 ~ 21 cm；花冠长 12 ~ 18 mm。荚果长达 3 ~ 7 cm，无毛。药用，清热解毒。常见。

马棘 *Indigofera pseudotinctoria* Matsum. 落叶小灌木。幼枝被平贴丁字毛。叶柄长 1 ~ 1.5 cm，小叶 7 ~ 11。花序长成后长于复叶，花长 4.5 ~ 6.5 mm。荚果长达 5.5 cm，被毛。清热解毒。近似种**多花木蓝** *I. amblyantha* Craib，叶柄长 2 ~ 5 cm，花冠仅长 6 ~ 6.5 mm，花序长达 9 cm。常见。

绿叶胡枝子 *Lespedeza buergeri* Miq. 直立灌木。高 1 ~ 3 m。托叶 2，条状披针形；小叶卵状椭圆形，长 3 ~ 7 cm，上面鲜绿色、无毛，下面灰绿色、密被贴生毛。总状花序腋生；花冠淡黄绿色，翼瓣先端带紫色。荚果长圆状卵形，长约 15 mm。多见。

大叶胡枝子 *Lespedeza davidii* Franch. 落叶灌木。全株密被柔毛。枝具条棱。小叶宽椭圆形，两面密被绒毛。花紫红色，花萼深裂。观赏，根可清热镇咳。多见。

美丽胡枝子 *Lespedeza formosa* (Vogel) Koehne 直立灌木。枝稍具棱，幼时被白色短柔毛。复叶三小叶，小叶椭圆形，顶端常稍钝，叶柄上方具沟槽。花萼深裂，花冠红紫色。荚果顶端具小尖头。观赏或药用。多见。

铁马鞭 *Lespedeza pilosa* (Thunb.) Sieb. et Zucc. 半灌木。茎细长、披散，全株被长柔毛。花冠黄白色，旗瓣基部有紫斑。根及全草入药，有散结通络、健胃安神之效。同属**截叶铁扫帚** *L. cuneata* G. Don 小叶片条状楔形。少见。

天蓝苜蓿 *Medicago lupulina* Linn. 二年生草本。茎铺散。羽状三出复叶，小叶上端边缘具细齿。花 10～15，黄色。荚果弯呈肾形，被柔毛。作饲料。多见。

草木犀 *Melilotus officinalis* (Linn.) Lam. 二年生直立草本。全株有香气，茎有棱纹。小叶长椭圆形，背面疏被毛。总状花序，花黄色。荚果倒卵形，种子1。可作饲料；全草入药，芳香化浊。少见。

葛麻姆（野葛）*Pueraria montana* (Lour.) Merr. var. *lobata* (Willd.) Maesen et S. M. Almeida ex Sanjappa et Predeep 多年生大藤本。枝、叶被粗毛。顶生小叶菱形；托叶背着，基部不裂。花冠紫红色。荚果扁平，被黄色长硬毛。块根可制葛粉。块根及花可解酒毒。常见。

刺槐 *Robinia pseudoacacia* Linn. 落叶乔木或灌木。枝常具托叶刺。羽状复叶具小叶7～19，小叶对生。花冠白色稀红色，芳香。荚果红褐色，无毛。蜜源植物。多见。

白车轴草 *Trifolium repens* Linn. 多年生草本。茎匍匐，全株无毛。掌状三出复叶，小叶先端凹头至钝圆，侧脉在近叶边分叉并伸达齿尖，其上表面有时有斑纹。花序呈头状。栽培。

小巢菜 *Vicia hirsuta* (Linn.) Gray 一、二年生草本。小叶 8 ~ 16 片，条状长圆形，叶轴顶端有羽状分枝卷须。总状花序具 2 ~ 4 花。荚果被毛，种子 2。全草入药，可止血解毒。近似种**四籽野豌豆** *V. tetrasperma* (Linn.) Schreb. 小叶 3 ~ 6 对，荚果含种子 3 ~ 4。春季多见。

牯岭野豌豆 *Vicia kulingana* L. H. Bailey 多年生草本。茎直立，坚硬，具棱。小叶 2 ~ 6 片，叶轴顶端卷须退化成刺毛状，托叶半箭头形。苞片开花时存在。近似种**无萼齿野豌豆** *V. edentata* W. T. Wang et Tang 小叶 4 ~ 8 片，苞片花时脱落，托叶条状披针形。中海拔分布。

救荒野豌豆 *Vicia sativa* Linn. 一年生草本。茎上升或借卷须攀缘，有棱。偶数羽状复叶，叶轴末端具分枝的卷须；托叶半箭头状。花1～2朵腋生，几无总花梗，花长12～15 mm。荚果含种子6～9。饲料及绿肥植物。种子药用。常见。

紫藤 *Wisteria sinensis* (Sims) Sweet 落叶木质藤本。嫩枝及幼叶初时被柔毛。小叶7～13片。总状花序下垂；花紫色，长2～2.5 cm；子房密被毛，有柄。观赏及药用。常见。

胡颓子科 Elaeagnaceae

$*K_{(4)}C_0A_4\underline{G}_{(1:1:1)}$

木半夏 *Elaeagnus multiflora* Thunb. 落叶直立灌木。通常无刺。幼枝和幼叶密被锈色鳞片，成熟后鳞片脱落。花白色，被银白色并散生少数褐色鳞片。果实椭圆形，密被锈色鳞片，成熟时红色。果实、根、叶可治跌打损伤、痢疾。本种叶冬凋夏绿，春实夏熟，故称木半夏。多见。

胡颓子 *Elaeagnus pungens* Thunb. 常绿直立灌木，有棘刺。叶上面幼时具银白色和褐色鳞片，老时脱落，干后上面明显可见网状脉，背面被银白鳞片并散生褐色鳞片。花银白色，下垂。果实椭圆形，熟时红色。种子、叶和根可入药，茎皮纤维可造纸。常见。

瑞香科 Thymelaeaceae

$*K_{(4)}C_{0\ 或\ (4)}A_{4,\ 8}\underline{G}_{(2-5:1-2:1)}$

倒卵叶瑞香 *Daphne grueningiana* H. Winkl. 常绿小灌木。叶互生，常簇生枝顶近对生状；全缘，软革质，无毛。头状花序，白色。果红色。根入药，治慢惊风、跌打损伤。少见。

光叶荛花 *Wikstroemia glabra* W. C. Cheng 灌木。小枝具棱角，二年生枝紫黑色。叶膜质，互生，卵形，全缘，边缘略背卷。花白色，通常 5 朵组成顶生头状花序，花萼裂片 4。茎皮纤维丰富，可造高级文化用纸。少见。

八角枫科 Alangiaceae

$* K_{(4-10)}C_{4-10}A_{4-10}\overline{G}_{(2:1:1)}$

八角枫 *Alangium chinense* (Lour.) Harms 灌木。树皮光滑。叶基偏斜，脉腋有丛毛，叶柄短。聚伞花序腋生，花瓣长 1 ~ 1.5 cm，背卷，雄蕊 6 ~ 8。核果卵圆形。多种用材。根可治风湿骨痛。近似种**三裂瓜木** *A. platanifolium* (Sieb. et Zucc.) Harm. var. *trilobum* (Miquel) Ohwi 叶常具 3 ~ 7 裂；花瓣长 2.5 ~ 3.5 cm，雄蕊约 12。极常见。

蓝果树科 Nyssaceae

$* K_5C_5 A_{5\ 或\ 5+5}\overline{G}_{(2:1:1)\ 或\ (6-10:6-10:1)}$

喜树 *Camptotheca acuminata* Decne. 落叶乔木。树皮浅灰色，当年生小枝紫绿色。叶纸质，沿脉密生柔毛，上面侧脉显著，背面突起。头状花序近球形，2 ~ 9 个头状花序组成圆锥花序。果实翅果状。作抗癌药物，庭园绿化。多见。

珙桐 *Davidia involucrata* Baill. 落叶乔木。树皮常不规则片状剥落。叶常密集生于幼枝顶端，边缘具粗锯齿。两性花与雄花同株。核果长卵圆形，紫绿色具黄色斑点。本种苞片大型，形如鸽子，又名鸽子树，是著名的观赏树种。栽培。

蓝果树 *Nyssa sinensis* Oliv. 落叶乔木。树皮深灰色，薄片状剥落。叶缘浅波状，上面深绿色，入秋后变紫色；背面沿脉疏生丝状长伏毛。花序伞形或短总状。果实核果状，数个簇生；熟时蓝黑色，后为褐色。多种用材，观赏。多见。

山茱萸科 Cornaceae

* $K_{(4)}C_4 A_4 \overline{G}_{(2:2:1)}$

灯台树 *Cornus controversa* Hemsl. 落叶乔木。树皮光滑。叶互生，背面密被淡白色贴伏毛，一级侧脉显著下陷。伞房状聚伞花序顶生，花瓣与雄蕊互生。核果近球形。作行道树，多种用材，叶入药，可消炎止痛。多见。

梾木 *Cornus macrophylla* Wall. 乔木。幼枝有棱角，疏被脱落性丁字形毛。叶长 9 ~ 16 cm，侧脉 5 ~ 8 对，背面生有灰白色丁字形毛。聚伞花序顶生。果径 3 ~ 6 mm。多种用材，绿化。药用，可治漆疮。少见。近似种 **毛梾** *C. walteri* Wangerin 幼枝棱不明显，叶片较小，侧脉 4（5）对，背面密生毛；核果直径 6 ~ 7 mm。

山茱萸 *Cornus officinalis* Sieb. et Zucc. 小乔木。小枝绿色，无毛或疏被丁字形毛。叶对生，背面疏生短毛，脉腋密生黄褐色簇毛。伞形花序生于侧生小枝顶端，总苞片4；花黄色。核果长椭圆形，成熟时红色。多种用材，绿化。果肉药用，可补益肝肾、涩精止汗。少见。

青荚叶 *Helwingia japonica* (Thunb.) F. Dietr. 落叶灌木。小枝绿色。叶互生，纸质，卵形或宽卵形，先端渐尖，叶缘有齿，两面无毛。花单性，生于叶片上面中脉中部。浆果黑色。叶、果入药，清热解毒、活血消肿。多见。

铁青树科 Olacaceae

* $K_{(4-6)}C_{(4-6)}A_{4-6}\overline{G}_{(2-5:2-5:1)}$

青皮木 *Schoepfia jasminodora* Sieb. et Zucc. 落叶小乔木。树皮灰褐色，嫩时红色。叶纸质，卵形，叶柄红色，扁平。花无梗，3～9朵排成穗状的聚伞花序；花冠钟形，白色。果椭圆形，成熟时紫红色。偶见。

卫矛科 Celastraceae

$*K_{4-5}C_{4-5}A_{4-5}\underline{G}_{(2-5:2-5:1-2)}$

大芽南蛇藤（哥兰叶） *Celastrus gem-matus* Loes. 落叶藤本。冬芽显著，长圆锥形，长达 12 mm；小枝具密集皮孔，能育枝为实心髓。叶面手触有粗糙感。聚伞花序顶生及腋生。蒴果球形。种子红褐色，具红色假种皮。常见。

卫矛 *Euonymus alatus* (Thunb.) Sieb. 落叶灌木。全株无毛。小枝 4 棱，有时具木栓质翅。叶纸质，无毛，边缘具细锯齿。聚伞花序腋生，花白绿色。蒴果 1 ~ 4 深裂，裂瓣椭圆状。种皮褐色，假种皮橙红色。木栓翅入药，可活血、通络、止痛。多见。

肉花卫矛 *Euonymus carnosus* Hemsl. 灌木。叶近革质，长椭圆形，较宽大，长 5~15 cm，宽 3~8 cm，柄长达 2.5 cm。果球形，果皮红色。假种皮鲜红色。多见。

扶芳藤 *Euonymus fortunei* (Turcz.) Hand. -Mazz. 常绿攀缘灌木。枝具气生根。叶对生，叶片革质，具钝锯齿。小聚伞花序具花4～7。蒴果粉红色。种子具橙红色假种皮。茎叶入药，活血散瘀。常见。

冬青卫矛 *Euonymus japonicus* Thunb. 灌木。小枝四棱。叶革质，有光泽，边缘具浅细锯齿。聚伞花序具花5~12，花白绿色。蒴果近球形，淡红色。假种皮橘红色。我国常用园林栽培灌木。

冬青科 Aquifoliaceae

♂* $K_{(4-6)}C_{(4-6)}A_{4-6}$

♀* $K_{(4-6)}C_{(4-6)}\underline{G}_{(4-6:4-6:1)}$

冬青 *Ilex chinensis* Sims. 常绿乔木。全株无毛。叶片薄革质，深绿色，有光泽；叶缘具圆齿。花紫色，常3～7朵排列成一至二回两歧聚伞花序。果长球形，成熟时红色，具4～5分核。常用庭园观赏树种。树皮、种子、叶可入药。多见。

构骨 *Ilex cornuta* Lindl. et Paxt. 常绿灌木。叶片厚革质，二型，先端具 3 枚尖锐刺齿，有时全缘，叶面光亮。花淡黄色。果球形，成熟时鲜红色。本种是园林中常用的观果及观叶植物。根、枝叶、果均可入药。多见。

大果冬青 *Ilex macrocarpa* Oliv. 落叶乔木。具长短枝，皮孔明显。叶片纸质至坚纸质，边缘具细锯齿；侧脉 8 ~ 10 对，在叶面稍隆起。花白色。果球形，熟时黑色，分核 7 ~ 9。多见。

黄杨科 Buxaceae

♂ * $K_{2+2}C_0A_4$ ♀ * K_{3+3} $C_0\underline{G}_{(3:3:2)}$

黄杨 *Buxus sinica* (Rehder et E. H. Wilson) M. Cheng 灌木或小乔木。小枝四棱形。叶革质，先端常具小凹口，叶面光亮。花序密集，腋生，头状。蒴果近球形，花柱宿存。多见。

大戟科 Euphorbiaceae

♂* $K_{0-5}C_{0-5}A_{1-\infty}$ ♀* $K_{0-5}C_{0-5}\underline{G}_{(3:3:1-2)}$

重阳木 *Bischofia polycarpa* (H. Lév.) Airy Shaw 落叶乔木。三出复叶，顶小叶较大，边缘具钝细锯齿。花雌雄异株，春季花叶同放。果实浆果状，圆球形，成熟时褐红色。种子含油量高，可做润滑油。少见，忠烈祠前有栽培。

无苞大戟 *Euphorbia ebracteolata* Hayata 多年生草本。具乳汁。苞叶三角形或三角状卵形。杯状聚伞花序的腺体圆肾形，无突起。蒴果球状，光滑无毛。近似种**大戟** *E. pekinensis* Rupr. 蒴果表面有疣状突起。少见。

泽漆 *Euphorbia helioscopia* Linn. 一或二年生草本。具乳汁。总苞叶5，倒卵状长圆形；苞叶2，卵圆形，先端微凹，边缘中部以上具细锯齿。蒴果三棱状阔圆形，光滑无毛，具明显的三纵沟。全草入药，可利尿消肿、清热、杀虫。常见。

斑地锦 *Euphorbia maculata* Linn. 一年生草本。茎匍匐。叶对生，基部偏斜，叶面绿色，中部常带一个长圆形的紫色斑点。花序单生叶腋。蒴果三角状卵形。常见。

算盘子 *Glochidion puberum* (Linn.) Hutch. 落叶灌木。小枝被锈色或黄褐色短柔毛。叶互生，全缘，背面有毛。花小，雌雄同株或异株，子房5～10室。蒴果扁球形，成熟时带红色。本种是酸性土壤的指示植物，根、茎、叶和果实入药，可活血散瘀、消肿解毒。多见。

白背叶 *Mallotus apelta* (Lour.) Müll. Arg. 灌木或小乔木。小枝、叶柄及花序均密被淡黄色星状毛。叶基出5脉，具长柄，叶片基部近叶柄处有褐色腺体2，背面被白色星状毛。雌花序和果序下垂。蒴果密被灰白色星状毛的软刺。根、叶入药，可清热活血、收敛去湿。常见。

野梧桐（日本野桐）*Mallotus japonicus* (Spreng.) Müll. Arg. 小乔木或灌木。枝、叶柄及花序均密被褐色星状毛。叶形状多变，下面疏生橙红色腺点，基出3脉，近叶柄具黑色腺体2。雌花序开展。蒴果密被有星状毛的软刺和红色腺点。种子含油量高，可供工业原料。常见。

石岩枫 *Mallotus repandus* (Willd.) Müll. Arg. 藤本或攀缘灌木。幼枝、叶下、花序、蒴果被星状毛及黄色腺点。叶基出脉3。花雌雄异株，花序均顶生。蒴果具2~3个分果爿，密生黄色粉末状毛和颗粒状腺体。茎皮纤维可制绳。治慢性溃疡。常见。

青灰叶下珠 *Phyllanthus glaucus* Wall. ex Müll. Arg. 灌木。全株无毛。叶片长2.5~5cm。花簇生叶腋，雄花花盘腺体6。蒴果浆果状，成熟时紫黑色。根可治小儿疳积病。多见。

叶下珠 *Phyllanthus urinaria* Linn. 一年生草本。茎具翅状纵棱。叶呈羽状排列，长不及 1 cm。雌雄异株，雄花花盘腺体 6。蒴果圆球形，表面具小凸刺。全草有解毒，消炎、止泻之功效。常见。

乌桕 *Triadica sebifera* (Linn.) Small 落叶乔木。有乳汁。叶菱形，全缘，无毛，先端尾状，秋季变红色。总状花序顶生。种子被白色蜡质假种皮。种子可制巧克力。根皮和叶入药。多见。

油桐 *Vernicia fordii* (Hemsl.) Airy Shaw 落叶乔木。叶互生，卵状圆形，叶柄顶端有红色无柄扁平腺体 2。花先叶或同时开放，雌雄同株。核果，果皮平滑。油料树种。种子可制桐油。多见。

鼠李科 Rhamnaceae

$*K_{(5-4)}C_{5-4\text{或}0}A_5\underline{G}_{(4-2:4-2:1)}$

多花勾儿茶 *Berchemia floribunda* (Wall.) Brongn. 藤本。叶纸质，无毛，侧脉 9～12 对，两面稍隆起。花常数个簇生成顶生聚伞圆锥花序或下部腋生聚伞总状花序。核果圆柱状椭圆形，具宿存花盘。根入药，可祛风止痛。常见。

枳椇 *Hovenia acerba* Lindl. 落叶乔木。叶互生，基出三脉，基脉部分裸露，边缘具不整齐锯齿。二歧聚伞圆锥花序，花序轴果期肉质化。种子黑色，光亮。种子入药作利尿剂。果序轴可食。多见。

长叶冻绿 *Rhamnus crenata* Sieb. et Zucc. 落叶灌木或小乔木。冬芽裸露，被锈色毛；幼枝略显红色，被毛。叶倒卵状椭圆形或倒卵形，叶柄密被柔毛，叶脉在背面显著凸起。花两性，花柱不裂。根、皮可治顽癣及疥疮。常见。

圆叶鼠李 *Rhamnus globosa* Bunge
落叶灌木。小枝近对生，长枝先端具
针刺；当年生枝、叶柄及叶背面均被
柔毛。叶近对生，具明显下陷的弧形
弯曲羽状脉。花单性，雌雄异株。核
果球形。种子黑褐色，有纵沟。种子
榨油可做润滑油。多见。

冻绿 *Rhamnus utilis* Decne. 落叶灌
木。冬芽具芽鳞。小枝及叶对生或近
对生。叶下面沿脉或脉腋有金黄色柔
毛，侧脉在两面均凸起。花单性异
株，基数4。核果球形，熟时黑色，
分核2。种子油可作润滑剂。果实、
树皮及叶含黄色染料。多见。

山鼠李 *Rhamnus wilsoni* C. K. Schneid.
落叶灌木。小枝互生或兼近对生，
枝顶有时具针刺，顶芽卵形，被鳞
片。叶互生或兼近对生，椭圆形，边
缘具钩状圆锯齿，侧脉 5 ~ 7 对，叶
柄长 2 ~ 4 mm。花单性，雌雄异
株。核果倒卵状球形，紫黑色，分核
2 ~ 3。

枣 *Ziziphus jujuba* Mill. 落叶小乔木。有长短枝之分，长枝之字形曲折，具托叶刺2。叶互生，基出三脉，边缘具圆锯齿。花黄绿色。肉质核果，成熟时红色。果可生食及制果脯，为上等滋补品。少见。

葡萄科 Vitaceae

$*K_{4-5}C_{4-5}A_{4-5}\underline{G}_{(2:2:2)}$

牯岭蛇葡萄 *Ampelopsis glandulosa* (Wall.) Momiy. var. *kulingensis* (Rehder) Momiy. 木质藤本。卷须二至三歧分枝，与叶对生。花盘明显。果实近球形。本变种与变种**异叶蛇葡萄** var. *heterophylla* (Thunb.) Momiy. 相近，但叶显著五角形，上部侧角外倾；全株被短柔毛或近无毛。多见。

白毛乌蔹莓 *Cayratia albifolia* C. L. Li 草质藤本。卷须二歧分枝。鸟趾状复叶，小叶5，叶两面均被毛。伞房状多歧聚伞花序腋生。浆果球形。中海拔分布，多见。

乌蔹莓 *Cayratia japonica* (Thunb.) Gagnep. 草质藤本。茎卷须与叶对生。鸟趾状复叶，小叶 5，两面近无毛。复二歧聚伞花序腋生。浆果熟时黑色。全草入药，利尿消肿、凉血解毒。常见。

青龙藤（绿叶地锦） *Parthenocissus laetevirens* Rehder 木质藤本。卷须总状 5~10 分枝，顶端扩大成吸盘。叶为掌状 5 小叶，上面显著泡状隆起。多歧聚伞花序圆锥状。浆果球形。多见。

爬山虎（地锦） *Parthenocissus tricuspidata* (Sieb. et Zucc.) Planch. 落叶木质攀缘藤本。卷须末端有吸盘。叶二型，能育枝的叶先端 3 浅裂，不育枝的叶常三全裂或三出复叶。多歧聚伞花序。浆果蓝色。根入药，治风湿性关节炎、偏头痛等症。多见。

刺葡萄 *Vitis davidii* (Rom. Caill.) Foëx
木质藤本。小枝被皮刺；卷须 2 歧
分枝。叶不分裂或稍三浅裂，下面脉
上疏生小皮刺。花杂性异株，圆锥花
序。浆果球形，熟时紫红色。根可入
药，治疗筋骨伤痛。少见。

省沽油科 Staphyleaceae

$*K_5C_5A_5\underline{G}_{1-4:1-4:1-2}$ 或 $_{(2-3:2-3:1-2)}$

野鸦椿 *Euscaphis japonica* (Thunb.
ex Roem. et Schult.) Kanitz 落叶灌木
或小乔木。小枝及芽红紫色，枝叶揉
碎后有恶臭味。叶对生，奇数羽状
复叶；小叶 5 ~ 9，具腺齿。花黄白
色。蓇葖果，红色果皮软革质。种子
具黑色假种皮。根和果实入药，祛风
除湿、理气止痛、止血。

省沽油 *Staphylea bumalda* DC. 落叶
灌木。树皮红紫色。叶对生，3 小叶
复叶，具长柄，先端尾尖，边缘具细
锯齿。圆锥花序顶生，花白色。蒴果
膀胱状，扁平。种子油可制肥皂和油
漆。茎皮可做纤维。少见。

无患子科 Sapindaceae

$*K_5C_{5-4}A_8\underline{G}_{(3:3:1)}$

复羽叶栾树 *Koelreuteria bipinnata* Franch. 乔木。二回羽状复叶，小叶 9～17，全缘或具小锯齿。圆锥花序顶生，花黄色。蒴果泡囊状；室背开裂为 3 果瓣，果瓣膜质。种子近球形。多种用材，绿化。根入药，具消炎止痛之效。常见。

无患子 *Sapindus saponaria* Linn. 落叶乔木。一回羽状复叶，叶轴及小叶柄上面有 2 槽，小叶 8～16，全缘，近对生，基部稍不对称。圆锥花序顶生；子房无毛，3 心皮通常仅 1 枚发育。核果果脐偏斜。种子黑色。根、果入药，可清热解毒、化痰止咳。偶栽培。

七叶树科 Hippocastanaceae

$*K_{(5)}C_5A_7\underline{G}_{(3:3:2)}$

七叶树 *Aesculus chinensis* Bunge 落叶乔木。冬芽大型，具树脂。掌状复叶，小叶 5～7，小叶具柄，叶缘具钝尖的细锯齿。花序窄圆筒形，花白色。果实球形，黄褐色，密被斑点。优良的行道树和庭园树。禅源寺、红庙等处栽培。

槭树科 Aceraceae

$*K_5C_5A_8\underline{G}_{(2:2:2)}$

三角槭 *Acer buergerianum* Miq. 落叶乔木。叶通常 3 浅裂，中央裂片三角卵形。伞房花序顶生。翅果黄褐色，张开成锐角。常见。

青榨槭 *Acer davidii* Franch. 落叶乔木。冬芽腋生，绿褐色。叶对生，不分裂或萌枝上的叶 3 浅裂，具不整齐圆钝锯齿。总状花序顶生。双翅果，果翅叉开成钝角。供观赏。多见。

苦茶槭 *Acer ginnala* Maxim. 落叶小乔木。冬芽细小，淡褐色；小枝黄褐色，当年生枝绿色。叶对生，不分裂或 3～5 浅裂，边缘具不规则尖锐重锯齿，叶背面被白色柔毛。花序具白色柔毛。双翅果夹角成锐角。叶可降血压、明目。常见。

建始槭 *Acer henryi* Pax 落叶乔木。冬芽卵形，褐色。羽状复叶具三小叶，小叶片椭圆形，全缘或近先端具稀疏钝锯齿 3 ~ 5 个。穗状花序下垂。果翅张开成锐角或近直立，小坚果脊纹显著。观赏树种。多见。

庙台槭 *Acer miaotaiense* P. C. Tsoong 落叶乔木。叶 3 ~ 5 裂，裂片边缘具波状齿 1 ~ 2 个，边缘及两面被灰黄色短柔毛。果翅张开呈水平或稍背卷，被毛。少见。天目山植物志所载**羊角槭** *A. yangjuechi* Fang et P. C. Chiu 属于本种。画眉山庄有栽培。

鸡爪槭 *Acer palmatum* Thunb. 落叶小乔木。叶直径 7 ~ 10 cm，掌状，通常 7 裂，裂片边缘有锯齿。叶后开花。果翅张开呈钝角。供观赏。常见栽培。

楝科 Meliaceae

$*K_{(5)}C_5A_{4-10}\underline{G}_{3-5:3-5:2}$

楝　*Melia azedarach* Linn. 落叶乔木。小枝上叶痕明显，具白色皮孔。二至三回羽状复叶互生，小叶片边缘有粗钝锯齿。圆锥花序腋生，花紫色。核果。可作土农药。入药可驱虫、止痛、收敛。对二氧化硫抗性强。少见。

香椿　*Toona sinensis* (A. Juss.) M. Roem. 乔木。树皮粗糙，纵向片状脱落。偶数羽状复叶，小叶 16 ~ 20，卵状披针形，先端尾尖，基部不对称，边缘具小锯齿。大型圆锥花序，花瓣 5，白色。蒴果 5 瓣裂。嫩叶具香味，可做菜。木材坚硬。果可入药，止血。少见。

漆树科 Anacardiaceae

$*K_{(3-5)}C_{3-5\,或\,0}A_{3-5}\underline{G}_{1-5:1:1}$

黄连木　*Pistacia chinensis* Bunge 落叶乔木。冬芽红色，有特殊气味。羽状复叶，顶小叶常不发育，小叶片基部楔形，常偏斜。圆锥花序腋生，先叶开花。核果扁球形。多种用材、提制黄色染料或栲胶。少见。

盐肤木 *Rhus chinensis* Mill. 落叶灌木。奇数羽状复叶，叶轴具宽的叶状翅，小叶自下而上逐渐增大，叶缘具粗锯齿，背面被白粉。圆锥花序宽大。核果球形，略压扁，被毛，成熟时红色。本种是五倍子蚜虫的寄主植物，全株入药。常见。

野漆 *Toxicodendron succedaneum* (Linn.) Kuntze 落叶乔木或灌木。具白色乳汁，创伤部位干后黑色。小枝无毛，顶芽大、紫褐色。奇数羽状复叶互生，老时局部显红色。核果淡黄色，无毛。可提制栲胶、油漆。药用，可散瘀生肌、止血、杀虫。易致皮肤过敏。常见。

苦木科 Simaroubaceae

$*K_{(3-5)}C_{3-5}A_{5\ 或\ 5+5}\underline{G}_{2-5:2-5:1-2}$

臭椿 *Ailanthus altissima* (Mill.) Swingle 落叶乔木。树皮微苦。奇数羽状复叶互生，叶揉搓后有臭味，小叶对生，偏斜，近基部边缘有大锯齿1～2对，齿端有大腺体。圆锥花序顶生。翅果。入药可清热利湿、收敛止痢。种子可榨油。常见。

芸香科 Rutaceae

$*K_{4-5} C_{4-5} A_{4-5 \text{ 或 } 4-5+4-5} \underline{G}_{(2-5, \infty: 2-5, \infty: 1-4)}$

吴茱萸 *Tetradium ruticarpum* (A. Juss.) T. G. Hartley 落叶灌木或小乔木。幼枝和鲜叶揉之有腥臭味，幼枝、叶轴和总花梗被锈色长柔毛。奇数羽状复叶，对生，油点肉眼可见。果入药，治脘腹冷痛、胃冷吐泻，外用可治口舌生疮。多见。

臭常山 *Orixa japonica* Thunb. 落叶灌木。有臭味。枝髓心常中空。单叶互生，有细小透明腺点。蓇葖果。种子黑色。根入药。中、低海拔分布。

竹叶椒 *Zanthoxylum armatum* DC. 常绿灌木或小乔木。枝有刺。奇数羽状复叶，叶轴有翅，小叶边缘齿缝有1粗大油点。蓇葖果红色，外有突起腺点。入药可散寒止痛、消肿、杀虫。多见。

酢浆草科 Oxalidaceae

$*K_5C_5A_{5+5}\underline{G}_{(5:5:1-\infty)}$

酢浆草　*Oxalis corniculata* Linn. 多年生草本。掌状三出复叶，小叶及叶柄具柔毛。花黄色，直径小于 1.5 cm；雄蕊 5 长 5 短。蒴果被毛，有纵沟 3。全草入药，清热解毒，消肿散瘀。多见。

牻牛儿苗科 Geraniaceae

$*K_5C_5A_{(5+5)}\underline{G}_{(3-5:3-5:1-2)}$

野老鹳草　*Geranium carolinianum* Linn. 一年生草本。嫩枝被柔毛。叶圆肾形，在茎下部的互生，上部的对生，5～7 深裂，裂片又 3～5 裂，两面有柔毛。可治风湿脾痛、筋骨酸痛。常见。近似种**老鹳草** *Geranium wilfordii* Maxim. 多年生。叶具长柄，基生叶圆肾形，茎生叶 3 裂。

五加科 Araliaceae

$*K_{(5)}C_5A_5\overline{G}_{(5:5:1)}$

楤木　*Aralia elata* (Miq.) Seem. 灌木。小枝疏生刺。二或三回羽状复叶，叶轴和羽轴疏生刺或无刺；小叶无柄或柄极短，背面绿白色，脉上被毛。伞形花序组成的大型圆锥花序。果实球形，黑色。根皮入药，活血散瘀、健胃、利尿。常见。

匍匐五加 *Eleutherococcus scandens* (G. Hoo) H. Ohashi 落叶灌木。枝常蔓生状，无刺。小叶3，两侧小叶无柄，基部歪斜。伞形花序1～3，顶生；花黄绿色，花柱中部以下合生。果扁球形，黑色。多见。

中华常春藤（常春藤） *Hedera nepalensis* K. Koch. var. *sinensis* (Tobler) Rehder 常绿木质藤本。以气生根攀缘。幼枝疏生锈色鳞片。营养枝上的叶常为三角状卵形，能育枝上的叶常为长椭圆状卵形。花淡黄白色，芳香。果球形。全株入药，具祛风活血、消肿止痛之效。也用于绿化。常见。

伞形科 Umbelliferae

* $K_{(5)\, 或\, 0}C_5A_5\overline{G}_{(2:2:1)}$

紫花前胡 *Angelica decursiva* (Miq.) Franch. et Sav. 多年生草本。根圆锥状，气味强烈。茎稍显紫红色，中空。叶基部膨大成圆形的紫色叶鞘，抱茎；末回羽轴的侧裂片下延成翅。复伞形花序，花紫色。根可解表止咳、活血调经。多见。

鸭儿芹　*Cryptotaenia japonica* Hassk. 草本。直立茎具细纵棱，略带淡紫色，有分枝。叶片一回三出全裂，叶鞘边缘膜质。复伞形花序圆锥状，花白色。作野菜或药用。常见。

天胡荽　*Hydrocotyle sibthorpioides* Lam. 多年生匍匐草本。节上生根。叶片圆形或圆肾形，基部心形，常5裂，裂片再2~3浅裂。单伞形花序腋生，花序梗远短于叶柄。全草可清热利湿、化痰止咳。多见。

香根芹　*Osmorhiza aristata* (Thunb.) Rydb. 多年生草本。主根圆锥形，有香味。叶二至三回羽状分裂，第一回羽片有长柄，叶脉上有长硬毛。复伞形花序，花白色。果条形或棍棒状，果棱有刺毛。根入药可补中益气。多见。

窃衣 *Torilis scabra* (Thunb.) DC. 二年生草本。茎分枝，具倒向贴生短硬毛。下部茎生叶二回羽状全裂，两面具短硬毛，中上部叶柄全部成鞘状。总苞片通常无，伞幅 2 ~ 4。果长 4 ~ 7 mm，长圆形。常见。

龙胆科 Gentianaceae

$* K_{4-5, (4-5)}C_{(4-5)}A_{4-5}\underline{G}_{(2:1:\infty)}$

双蝴蝶 *Tripterospermum chinense* (Migo) Harry Sm. 多年生草质藤本。茎缠绕。叶对生，三出脉；基生叶莲座状，倒卵形，上面有网纹；茎生叶卵状披针形，3 ~ 5 脉。花腋生，淡紫红色。入药清肺止咳、利尿、解毒。近似种**细茎双蝴蝶** *T. filicaule* (Hemsl.) Harry Sm. 基生叶不呈莲座状、上面无网纹。常见。

夹竹桃科 Apocynaceae

$* K_{(5)}C_{(5)}A_{5}\underline{G}_{(2:2:\infty)}$ 或 $2:2:\infty$

络石 *Trachelospermum jasminoides* (Lindl.) Lem. 常绿木质藤本。有乳汁及气生根。叶片近革质，背面疏被短柔毛。聚伞花序，花白色，芳香，高脚碟状。蓇葖果双生。有活血、通络、温肾功效。常见。

萝藦科 Asclepiadaceae

* $K_{(5)}C_{(5)}A_{(5)}\underline{G}_{2:2:\infty}$

蔓剪草 *Cynanchum chekiangense* M. Cheng 多年生草本。茎直立，顶端蔓生，缠绕。叶对生或中间两对很靠近，似四叶轮生，卵状椭圆形，被微毛。伞形状聚伞花序腋生，花萼裂片具缘毛，花冠深红色。蓇葖果常单生。种子具毛，绢质。根入药，治跌打损伤、疥疮。多见。

萝藦 *Metaplexis japonica* (Thunb.) Makino 多年生缠绕草本。有乳汁。叶对生，卵状心形。总状聚伞花序，花冠白色有淡紫色斑纹。蓇葖果双生。种子具白色长毛。治跌打损伤、乳汁不足等。多见。

茄科 Solanaceae

* $K_{(5)}C_{(5)}A_5\underline{G}_{(2:2:\infty)}$

枸杞 *Lycium chinense* Mill. 多分枝小灌木。枝条淡灰色，具纵条纹和棘刺。单叶互生或 2～4 簇生。花冠淡紫色。浆果红色。果入药，清凉明目、退虚热。常见。

白英（蜀羊泉） *Solanum lyratum* Thunb. 草质藤本。茎及小枝均密被具节长柔毛。叶片常为琴形，两面均被白亮的长柔毛。聚伞花序，疏花，花冠蓝紫色，花冠筒隐于萼内。浆果球形，成熟时红黑色。全草入药，治发热和小儿惊风。多见。

龙葵 *Solanum nigrum* Linn. 直立草本。茎有纵棱，生有细柔毛。叶片大小不等，基部下延至叶柄。聚伞花序腋外生，花冠白色，花药黄色。浆果球形，成熟时紫黑色。全草入药，清热解毒、平喘止痒。常见。

龙珠 *Tubocapsicum anomalum* (Franch. et Sav.) Makino 草本。全株疏生柔毛，二歧分枝开展。叶薄纸质，节部2叶不等大。花1～6簇生叶腋，俯垂，花冠顶端外卷。浆果熟时红色。少见。

旋花科 Convolvulaceae

$* K_5C_{(5)}A_5\underline{G}_{(2-4:2-4:1-2)}$

鼓子花（篱打碗花） *Calystegia silvatica* (Kitaib.) Griseb. subsp. *orientalis* Brummitt 缠绕草本。无毛。茎有细棱。叶三角状卵形，基部戟形或心形。单花腋生，苞片萼片状，长于花萼，花冠白色，长 4 ~ 7 cm。蒴果卵形。种子黑褐色，表面具小疣。近似种**打碗花** *C. hederacea* Wall. 花冠长 2 ~ 3.5 cm。常见。

金灯藤 *Cuscuta japonica* Choisy 一年生寄生缠绕草本。茎黄色带紫红色瘤状斑点。穗状花序，苞片鳞片状；花冠钟状，淡红色或绿白色。蒴果卵圆形，光滑。种子入药。本种的寄生习性会影响一些木本植物的生长。少见。

飞蛾藤 *Dinetus racemosus* (Wallich) Sweet 攀缘灌木。茎缠绕。叶卵形，掌状脉基出 7 ~ 9。圆锥花序腋生，苞片叶状；花冠漏斗形，白色，管部带黄色。蒴果卵形，具小粗尖头。种子光滑，暗褐色。多见。花期秋天。

紫草科 Boraginaceae

* $K_{(5)}C_{(5)}A_5 \underline{G}_{(2:2:2) \text{ 或 } (2:4:1)}$

柔弱斑种草 *Bothriospermum zeylanicum* (J. Jacq.) Druce 一年生草本。被糙伏毛。茎细弱，丛生。叶椭圆形或狭椭圆形，先端具小尖。聚伞花序柔弱而细长，苞片叶状，花冠蓝色。小坚果肾形，密生小疣状突起。多见。

厚壳树 *Ehretia acuminata* R. Br. 落叶乔木。枝淡褐色，具发达皮孔。叶椭圆形，具整齐锯齿。聚伞花序圆锥状，花多而芳香，花冠白色，花冠裂片长于花冠筒。核果橘红色，直径约 4 mm。多见。

梓木草 *Lithospermum zollingeri* A. DC. 多年生匍匐草本。具长达 30 cm 的匍匐茎。叶倒披针形或匙形，两面具短硬毛。花长约 1.8 cm，花冠蓝紫色。小坚果平滑。花大可观赏。果入药，可消肿止痛。多见。

浙赣车前紫草 *Sinojohnstonia chekiangensis* (Migo) W. T. Wang 多年生草本。根状茎、叶、花序均被糙状毛。叶全缘，连叶柄长可达 30 cm。花萼果期增大，花冠白色。小坚果 4，背面有碗状突起。中海拔分布。

盾果草 *Thyrocarpus sampsonii* Hance 草本。全株有开展糙毛。叶狭长圆形，基生叶有柄，茎生叶较小而无柄。聚伞花序，有叶状苞片，花冠淡蓝色。小坚果 4，上部有 2 层碗状突起。少见。

附地菜 *Trigonotis peduncularis* (Trevir.) Benth. ex Baker et S. Moore 一或二年生草本。茎丛生，铺散，被短糙伏毛。叶匙形，基生叶莲座状，具柄；茎生叶椭圆形，无柄。花序顶生，逐渐伸长，细弱，花冠淡蓝色。小坚果 4，斜三菱锥状四面体。常见。

马鞭草科 Verbenaceae

$\uparrow K_{(5)}C_{(5)}A_4 \underline{G}_{(2:2:1)}$

华紫珠 *Callicarpa cathayana* H. T. Chang
灌木。叶薄纸质，两面近无毛，较窄，叶片下部和花各部均有暗红色腺点。聚伞花序细弱，花冠紫色。果实球形，紫色。治内外出血、牙疳和疮疖痈肿。常见。本地同属植物还有 4种，主要依据腺点颜色、花丝长度、药室开裂方式、叶片性状区分。

单花莸 *Caryopteris nepetifolia* (Benth.)
Maxim. 多年生草本。基部木质化。茎方形。叶纸质，近圆形，边缘具8 ~ 10 个钝齿，两面均被柔毛及腺点。单花腋生，花柄纤细，花冠淡蓝色。蒴果 4 瓣裂。全草祛暑，利尿，可治刀伤。常见。

大青 *Clerodendrum cyrtophyllum* Turcz.
灌木。枝黄褐色被短柔毛，髓白色。叶纸质，有臭味，全缘，背面有腺点。伞房状聚伞花序，花萼外被短毛，花冠白色。果实成熟时蓝紫色，托于红色宿萼上。可清热解毒消炎。多见。

海州常山 *Clerodendrum trichotomum* Thunb. 灌木。幼时被黄褐色柔毛；髓白色，具淡黄色薄片状横隔。叶纸质。伞房状聚伞花序顶生，花萼由绿白色变为紫红色，花冠白色，芳香。核果近球形，熟时蓝紫色。多见。

豆腐柴 *Premna microphylla* Turcz. 直立灌木。叶揉搓后具臭味，黏糯，全缘或具不规则粗齿。聚伞花序形成塔形圆锥花序，花冠淡黄色，内具柔毛。核果紫色，球形。叶可制豆腐。根、茎、叶入药，可清热解毒。多见。

马鞭草 *Verbena officinalis* Linn. 多年生草本。茎四方形，节和棱上有硬毛。叶对生，无托叶。穗状花序狭长，苞片、花序轴、花萼均具硬毛，花冠淡紫红色。可治疟疾、痢疾等。多见。

牡荆 *Vitex negundo* Linn. var. *cannabifolia* (Sieb. et Zucc.) Hand.-Mazz. 落叶灌木。小枝四棱形。掌状复叶，小叶 3～5。圆锥花序顶生，花冠淡紫色。果实黑色近球形。多见。

透骨草科 Phrymaceae

$\uparrow K_{(5)}C_{(5)}A_4\underline{G}_{(2:1:1)}$

透骨草 *Phryma leptostachya* Linn. subsp. *asiatica* (H. Hara) Kitam. 多年生草本。茎四棱形，节间常有一深色膨大区域。叶对生。总状花序顶生或腋生，花萼上唇钩状，开花后花下垂而紧贴花序轴。瘦果狭椭圆形，包于花萼内。可治黄水疮、疥疮，消肿。常见。

唇形科 Labiatae

$\uparrow K_{(5)}C_{(4-5)}A_{4,2}\underline{G}_{(2:4:1)}$

金疮小草 *Ajuga decumbens* Thunb. 草本。具匍匐茎，开花时植株具基生叶，茎、叶显著被白色长柔毛。叶匙形或倒卵状披针形。花冠白色带紫色，上唇短。小坚果卵状三棱形。入药，清热解毒、凉血平肝、止血消肿。近似种**紫背金盘** *A. nipponensis* Makino 植株近直立，开花时无基生叶。常见。

细风轮菜 *Clinopodium gracile* (Benth.) Matsum. 纤细草本。茎4棱，具槽及倒向短柔毛。叶柄密被短柔毛。轮伞花序不具苞片；花萼管状，上唇3齿。果实向外反折；小坚果卵球形，褐色。入药，清热解毒、消肿止痛。常见。近似种**风轮菜** *C. chinense* (Benth.) Kuntze 植株较粗壮，花较大；**邻近风轮菜** *C. confine* (Hance) Kuntze 植株近无毛。

绵穗苏 *Comanthosphace ningpoensis* (Hemsl.) Hand.-Mazz. 多年生草本。具木质根茎，老茎圆柱形，茎及叶背面幼时有白色星状毛。叶对生，叶背面散生淡黄色腺点。穗状花序顶生。小坚果具金黄色腺点。多见。

活血丹（连钱草） *Glechoma longituba* (Nakai) Kuprian. 多年生匍匐草本。茎逐节生根。叶心形或肾形，叶柄及叶两面被柔毛。常单花腋生，花冠淡红紫色，下唇具深色斑点。茎、叶入药，清热解毒，排石通淋。常见。

显脉香茶菜　*Isodon nervosus* (Hemsl.) Kudô 多年生直立草本。茎4棱，具槽，幼时具微柔毛。叶基渐狭成楔形。聚伞花序5～9花，花冠蓝色。果萼直立，具相等的5齿；小坚果顶端被微柔毛。茎叶入药，治疗肝炎、湿疹等症。常见。

宝盖草(佛座)　*Lamium amplexicaule* Linn. 一或二年生草本。茎四棱形，近无毛，中空。叶圆形或肾形，具圆齿。轮伞花序6～10花，花冠紫红色。小坚果倒卵圆形。全草入药，治伤筋断骨、瘫痪等。常见。

野芝麻　*Lamium barbatum* Sieb. et Zucc. 多年生草本。茎方形。叶片卵状心形至卵状披针形，边缘有锯齿。轮伞花序生于茎上部叶腋，花冠白色，中裂片倒肾形，上唇盔状拱曲，花药深紫色。清肺止血、理气活血。极常见。

183

益母草 *Leonurus japonicus* Houtt. 一或二年生草本。茎直立，有棱槽及伏毛。基生叶圆心形，下部叶掌状 3 全裂，中部叶菱形，上部叶条形近无柄。轮伞花序腋生，花冠上唇直伸而内凹。小坚果长圆状三棱形。能活血调经、清肝明目。少见。

紫 苏 *Perilla frutescens* (Linn.) Britton 一年生芳香草本。茎直立，钝 4 棱，有长柔毛。叶两面紫色或绿色，边缘有粗锯齿。轮伞花序组成偏向一侧的总状花序，苞片卵圆形，具腺点，花冠白色或紫色。小坚果近球形，具网纹。药用或作香料。多见。

夏枯草 *Prunella vulgaris* Linn. 多年生草本。根茎匍匐，节上生须根。茎多分枝，钝四棱形。叶卵形，边缘具波状齿。轮伞花序集生成顶生穗状花序，花冠淡紫色。小坚果黄褐色，微具沟纹。本种因夏季干枯而得名。全草入药，可疏肝解郁。少见。

南丹参 *Salvia bowleyana* Dunn 多年生直立草本。根肥厚，表面红色。茎4棱，具槽，有向下柔毛。一回羽状复叶，小叶5～7，叶柄被长柔毛。花序轴、花梗及花萼具柔毛及腺毛。小坚果椭圆形，顶端有毛。根可去瘀生新、活血调经、养血安神。少见。

华鼠尾草 *Salvia chinensis* Benth. 一年生草本。茎4棱，被毛，有时在上部及花序轴被腺毛。单叶或3出羽状复叶，边缘有齿，两面被疏毛。轮伞花序具6花，花冠淡紫色。小坚果椭圆状卵圆形，光滑。全株能清热解毒、活血镇痛。多见。

舌瓣鼠尾草 *Salvia liguliloba* Y. Z. Sun 一年生草本。茎直立，单一，少分枝，钝4棱，具槽及条纹，棱上有柔毛。基生叶有时呈莲座状，背面常为紫色。轮伞花序偏向一侧，花冠淡红色，被疏毛。小坚果椭圆形。全草入药，治关节酸痛及月经不调等。常见。

韩信草 *Scutellaria indica* Linn. var. *indica* 多年生草本。茎及叶背面常带紫色。叶卵圆形，两面有糙伏毛。花对生，组成顶生总状花序；花萼具显著盾片，花冠蓝紫色。小坚果有瘤状突起。主治疔疮、跌打损伤。多见。

地 蚕 *Stachys geobombycis* C. Y. Wu 多年生草本。根状茎肉质肥大，藕节状。直立茎的棱及节上疏生长刚毛。叶长圆状卵形。轮伞花序腋生，萼筒外密被毛，花冠淡紫色。块茎可制酱菜。全草入药，治跌打、疮毒。多见。

车前科 Plantaginaceae

* $K_{(4)}C_{(4)}A_4\underline{G}_{(2:2:1-\infty)}$

车前 *Plantago asiatica* Linn. 多年生草本。须根多数。叶基生呈莲座状，有波状浅齿，两面均无毛，叶脉弧形，叶柄基部膨大。穗状花序紧密。蒴果盖裂。药用，可利尿、清热、止咳。常见。

醉鱼草科 Buddlejaceae

$*K_{(4)}C_{(4)}A_4\underline{G}_{(2:2:2-\infty)}$

醉鱼草　*Buddleja lindleyana* Fortune
灌木。茎皮褐色，小枝具4棱，棱上
略有窄翅，嫩枝叶及花序具棕黄色星
状毛和鳞片。叶对生，常不等大，揉
碎后黏滑。聚伞花序成穗状，顶生，
花紫色，芳香。蒴果长圆形，具鳞
片。观赏、药用、杀虫。常见。

木犀科 Oleaceae

$* K_{(4)}C_{(4)}A_2\underline{G}_{(2:2:2)}$

雪柳　*Fontanesia philliraeoides* Labill.
subsp. *fortunei* (Carrière) Yalt. 落叶灌
木。小枝四棱形。叶纸质，两面无
毛。圆锥花序顶生，花冠深裂。果黄
棕色，扁平。嫩叶可代茶，茎皮可制
人造棉。少见。

庐山梣　*Fraxinus sieboldiana* Blume
落叶乔木。冬芽黑褐色。奇数羽状
复叶，对生，小叶片常5，基部的小
叶较上部的小叶小，两面无毛。圆
锥花序被短柔毛。翅果，先端具长
翅。少见。

女贞 *Ligustrum lucidum* W. T. Aiton 常绿乔木。枝、叶无毛。叶片革质而脆，单叶对生，全缘，背面有腺点。圆锥花序顶生。浆果状核果。绿化树种。果入药称女贞子，滋补肝肾，明目乌发。栽培。

小蜡 *Ligustrum sinense* Lour. 落叶灌木。枝密被短柔毛。叶纸质，对生，全缘，背面有短柔毛。圆锥花序顶生，有毛。浆果状核果近球形。果实酿酒、种子油制皂、树皮和叶药用，可降火。多见。

木犀（桂花）*Osmanthus fragrans* (Thunb.) Lour. 常绿乔木。叶革质，先端常向下弯；叶缘上半部有锯齿，下半部全缘，背面有小腺点。花簇生于叶腋，花冠淡黄白色。核果歪斜，椭圆形。可提取芳香油、酿酒、入药、绿化。栽培。

玄参科 Scrophulariaceae

$\uparrow K_{4-5, (4-5)} C_{(4-5)} A_{2, 4, 5} \underline{G}_{(2:2:\infty)}$

白花泡桐 *Paulownia fortunei* (Seem.) Hemsl. 落叶乔木。幼枝叶常被星状绒毛及腺毛。叶片心形，叶下密被毛。花序长圆锥状，聚伞花序的总梗与花梗近等长，花萼浅裂，花冠白色或淡紫色。材质优良，抗环境污染能力强。近缘种**毛泡桐** *P. tomentosa* (Thunb.) Steud. 花冠紫色。多见。

早落通泉草 *Mazus caducifer* Hance 多年生草本。全株被白色长柔毛。茎直立或斜升。基生叶莲座状，茎生叶对生，边缘具粗齿。总状花序顶生，花稀疏，花冠淡蓝紫色。蒴果圆球形。常见。

匍茎通泉草 *Mazus miquelii* Makino 多年生草本。须根多数，纤维状簇生。有直立茎和匍匐茎。基生叶多莲座状，茎生叶在直立茎上多互生，在匍匐茎上多对生。总状花序顶生，花冠紫色有斑点。蒴果圆球形。多见。近似种**纤细通泉草** *M. gracilis* Hemsl. 茎全部匍匐。花较小。

通泉草 *Mazus pumilus* (Burm. f.) Steenis
一年生草本。茎常基部分枝。基生叶
基部楔形，下延成带翅的叶柄；茎生
叶对生或互生。总状花序顶生，花冠
上唇小而直立，下唇中裂片小于侧裂
片。常见。

天目地黄 *Rehmannia chingii* H. L. Li
草本。全株被长柔毛及腺毛。块根肉
质，橘黄色。基生叶莲座状，具圆齿
或粗锯齿；茎生叶发达。花单生于叶
腋，花冠紫红色。蒴果卵形。种子具
网眼。观赏或入药。常见。

玄参 *Scrophularia ningpoensis* Hemsl.
高大草本。具块根。茎4棱。叶对
生，背面疏生细毛。聚伞花序开展
成圆锥状，萼裂片圆形，花冠淡黄
色，下唇中央有1黄斑。蒴果卵圆
形。块根药用，滋阴清火、生津润
肠。多见。

直立婆婆纳 *Veronica arvensis* Linn. 草本。茎直立或上升，有两列长柔毛。叶对生，卵圆形，边缘具明显圆钝锯齿。总状花序，花梗极短，花冠蓝紫色或蓝色。蒴果倒心形，强烈侧扁。可治疟疾。多见。

蚊母草 *Veronica peregrina* Linn. 草本。茎自基部多分枝，全株无毛。叶无柄，下部叶倒披针形，上部叶长矩圆形，全缘或中上端具三角状锯齿。总状花序，花梗极短，花冠白色。蒴果偏心形。可入药，治跌打损伤。多见。

阿拉伯婆婆纳 *Veronica persica* Poir. 铺散多分枝草本。茎密生两列多节柔毛。叶对生，向上为互生的叶状苞片，苞片内生1花，叶两面疏生柔毛。花梗明显长于苞片。极常见。本种与**婆婆纳** *V. polita* Fr. 近缘，但花梗明显长。可治肾虚腰痛、风湿疼痛。

水苦荬 *Veronica undulata* Wall. 水生或沼生草本。茎圆柱形，肉质中空。叶对生，披针形，基部耳状微抱茎，边缘有锯齿。总状花序腋生，花梗平展。蒴果圆形。药用，活血止痛、通经止血。多见。

苦苣苔科 Gesneriaceae

$\uparrow K_{(5)} C_{(5)} A_{2, 4, 5} \underline{G}_{(2:1:\infty)}$

半蒴苣苔 *Hemiboea subcapitata* C. B. Clarke 肉质草本。茎不分枝，近基部有棕黑色斑点。叶对生，基部楔形下延以至合生成船形。聚伞花序腋生，萼片及花序梗无毛，花冠白色具紫色斑点。蒴果线状披针形。可清热解毒、利尿止咳。常见。

爵床科 Acanthaceae

$\uparrow K_{(4-5)} C_{(5)} A_{4, 2} \underline{G}_{(2:2:2-\infty)}$

九头狮子草 *Peristrophe japonica* (Thunb.) Bremek. 草本。茎直立，具棱和纵沟，被倒生伏毛。叶对生，全缘。花序顶生或生于上部叶腋，总苞片叶状；花冠2唇形。蒴果。入药，可解表发汗、消炎解毒。多见。

爵床 *Justicia procumbens* Linn. 草本。茎基部常匍匐，具棱，沿棱被倒生短毛，节稍膨大。叶对生。穗状花序顶生，或生于上部叶腋；花冠粉红色。入药，清热解毒、利尿消肿。常见。

桔梗科 Campanulaceae

$\uparrow, * K_{(4-6)}C_{(5)}A_5 \overline{G}_{(2-5:2-5:\infty)}$

华东杏叶沙参 *Adenophora petiolata* Pax et K. Hoffm. subsp. *huadungensis* (D. Y. Hong) D. Y. Hong et S. Ge 草本，具乳汁。根圆柱形。茎直立，不分枝。基生叶大，心形，具长柄；茎生叶基部下延。花序分枝长，花冠钟状，蓝色。蒴果椭圆形。多见。

羊乳 *Codonopsis lanceolata* (Sieb. et Zucc.) Trautv. 缠绕草本。有乳汁。全株光滑无毛。叶在主茎互生，在小枝顶端 2～4 枚簇生而成对生或轮生状。花单生或对生，花冠宽钟形，花盘肉质，子房半下位。种子有翅。治病后体虚、乳汁不足。常见。

半边莲 *Lobelia chinensis* Lour. 矮小草本。有乳汁。茎匍匐，节上生根。叶全缘或顶部具波状小齿，无毛。花单生于叶腋，花冠单面对称，喉部以下具白毛。蒴果倒圆锥状。全草入药，清热解毒、利尿消肿。多见。

袋果草 *Peracarpa carnosa* (Wall.) Hook. f. et Thomson 矮小草本。有乳汁。茎肉质。叶三角形至宽卵形。花冠钟形，雄蕊5，分离。蒴果倒卵形，顶端稍收缩，袋状。全草有祛风除湿，利尿消肿之效。少见。

茜草科 **Rubiaceae**

* $K_{(4-5)}C_{(4-5)}A_{4-5}\overline{G}_{(2:2:1-6)}$

香果树 *Emmenopterys henryi* Oliv. 落叶乔木。小枝红褐色。叶薄革质，对生，叶柄具柔毛。聚伞花序组成大型圆锥状，有大型白色叶状萼裂片，花冠漏斗状，内外有毛。果有纵棱。多种用材，观赏。多见。

四叶葎 *Galium bungei* Steud. 多年生草本。茎4棱，无毛或微毛。4叶轮生，中脉和边缘具刺状硬毛。聚伞花序顶生，花冠黄绿色或白色。果近球形，通常双生，具小疣点。全草入药，清热解毒、利尿。多见。

六叶葎 *Galium hoffmeisteri* (Klotzsch) Ehrend. et Schönb.-Tem. ex R. R. Mill 一年生草本，常直立，近基部分枝。茎4棱形，具短疏毛。叶片薄，在茎中部常6叶轮生，卵形或椭圆形，顶端具凸尖。聚伞花序顶生，少花，分枝2～3。果近球形。多见。

猪殃殃 *Galium spurium* Linn. 蔓生或攀缘草本。茎四棱有倒刺毛。6～8叶轮生，两面有刺毛。聚伞花序。果由2分果组成，密生钩毛。清热解毒、消肿止痛。常见。

日本蛇根草 *Ophiorrhiza japonica* Blume 多年生草本。茎被锈色曲柔毛。叶全缘，干时有时两面变红色。聚伞花序顶生，二歧分枝，花冠白色，雄蕊内藏。蒴果菱形。多见。

鸡矢藤 *Paederia foetida* Linn. 缠绕藤本。叶片揉碎常有鸡屎臭味；茎、叶常被毛。叶纸质，托叶三角状。圆锥状聚伞花序，花冠浅紫色钟状。果球形。全草入药，活血镇痛、祛风燥湿、解毒杀虫。常见。

东南茜草 *Rubia argyi* (H. Lév. et Vaniot) H. Hara ex Lauener et D. K. Ferguson 攀缘草本。茎具四棱，棱上及叶缘有倒生小刺。四叶轮生，常不等大，两面粗糙。圆锥状聚伞花序，花冠黄绿色。果球形，熟时橘黄色。根入药，凉血止血、活血去瘀。常见。

白马骨　*Serissa serissoides* (DC.) Druce
小灌木。叶对生，纸质，揉碎有臭味；托叶膜质，先端分裂成刺毛状。花簇生叶腋，花冠白色。多见。本种与**六月雪** *S. japonica* (Thunb.) Thunb. 极近缘，但花冠筒较花萼裂片长。全草入药，平肝利湿、健脾止泻。

忍冬科 Caprifoliaceae

$\uparrow, * K_{(4-5)}C_{(4-5)}A_{4-5}\overline{G}_{(2-5:2-5:1-\infty)}$

苦糖果　*Lonicera fragrantissima* Lindl. et Paxton subsp. *standishii* (Carrière) P. S. Hsu et H. J. Wang 落叶灌木。嫩枝、叶柄和总花梗均被倒生刚毛。叶片变异大，两面被刚伏毛。花成对生于幼枝基部。浆果红色。供观赏；药用，可利尿、清热、止咳。多见。

忍冬（金银花）　*Lonicera japonica* Thunb. 木质藤本。茎皮条状剥落，幼枝暗红褐色，密被黄褐色毛。小枝上部叶两面均密被毛，下部叶常无毛。花双生，花冠白色，稍后变黄。花入药，抗菌消炎、利尿。常见。

下江忍冬 *Lonicera modesta* Rehder
落叶灌木。幼枝密被短柔毛；冬芽具四棱角，芽鳞在越年生枝上宿存。叶厚纸质，叶背及叶柄具短柔毛，枝端叶片最大，向下逐渐变小。花成对腋生，花冠唇形，内外面均有毛。果红色。供观赏。多见。

接骨草 *Sambucus chinensis* Lindl. 灌木状草本。茎有棱，髓白色。羽状复叶的托叶发达，有时呈蓝色腺体状，小叶 2 ~ 3 对。复伞形花序顶生，大而松散，具不孕花。果实红色，近球形。可治跌打损伤，祛风湿。多见。

接骨木 *Sambucu williamsii* Hance 落叶灌木或小乔木。二年生枝浅黄色，枝髓淡褐色，皮孔粗大。羽状复叶对生，有小叶 5 ~ 7，揉碎后有臭味。聚伞花序圆锥状，花冠白色。果实红色。药用，可治跌打损伤；也可观赏。开山老殿有栽培。

荚蒾 *Viburnum dilatatum* Thunb. 落叶灌木。叶片薄纸质，边缘有波状尖锐锯齿，上面沿中脉有毛，背面具疏毛及透亮腺点，近基部具腺体；叶柄被粗毛，上面中脉及侧脉凹下；无托叶。复伞状花序，花冠白色。果红色。治风热感冒。常见。

鸡树条（天目琼花） *Viburnum opulus* Linn. subsp. *calvescens* (Rehder) Sugim. 灌木。树皮质厚而带木栓质。叶纸质，3 裂，具掌状三出脉，叶背面仅脉腋有簇毛，叶柄顶端有腺体。复伞状花序，周围具大型不孕花。入药，活血、消肿、镇痛。中、高海拔分布。

蝴蝶戏珠花 *Viburnum plicatum* Thunb. var. *tomentosum* Miq. 灌木。当年生小枝基部有环状芽鳞痕。连同叶柄、叶背面有星状毛；细脉紧密横列平行，背面网脉网眼内呈亮白色花纹。花序周围有大型白色不孕花 4～6 朵，中央为可孕花。果实先红后黑。入药，可清热解毒、健脾消积。常见。近似种**绣球荚蒾** *V. macrocephalum* Fortune 花序全由不孕花组成，栽培。

茶荚蒾 *Viburnum setigerum* Hance 落叶灌木。叶纸质，叶片背面仅沿中脉及侧脉被伏毛，有时在脉腋有簇毛，芽及叶干后变黑。花序下垂，花冠白色，干后茶褐色。果序弯垂，果实黑色。入药，止血健脾。常见。

半边月 *Weigela japonica* Thunb. 落叶灌木或小乔木。幼枝方形，有两列柔毛。叶对生。聚伞花序具 1～3 花；花有柄，萼深裂，裂片条形；花冠白色逐渐变红。蒴果狭长，外面疏生柔毛。常用庭园观赏树种。多见。

败酱科 Valerianaceae

$\uparrow K_{(\infty)} C_{(3-5)} A_{1-4} \overline{G}_{(3:1, (2):1)}$

败酱 *Patrinia scabiosifolia* Link 多年生草本。根状茎横卧，节处生根。茎直立，茎上仅一侧有倒生粗毛。基生叶丛生，茎生叶对生，羽状分裂。大型伞房状聚伞花序顶生，花冠黄色。瘦果长圆形。嫩叶幼苗可食。根茎入药，具清热解毒、活血祛瘀之效。多见。

攀倒甑（白花败酱）*Patrinia villosa* (Thunb.) Dufr. 多年生草本。茎上及花序轴上密被倒生粗毛，或仅两侧各有一列有毛。伞房状聚伞花序顶生，花冠白色。果实具有翅状苞片。根茎及根有陈腐臭味，入药，可清热解毒、消炎利尿。常见。

川续断科 Dipsacaceae

$\uparrow K_{(4-5)} C_{(4-5)} A_4 \overline{G}_{(2:1:1)}$

日本续断 *Dipsacus japonicus* Miq. 多年生草本。主根木质坚硬。茎直立中空，节上密生白色柔毛，茎棱上疏生下弯钩刺。茎生叶基部下延成狭翅，叶背面沿脉有刺毛。头状花序顶生，花冠紫红色。瘦果长圆楔形。多见。

菊科 Compositae

$\uparrow, * K_{0-\infty} C_{(5)} A_{(5)} \overline{G}_{(2:1:1)}$

杏香兔儿风 *Ainsliaea fragrans* Champ. ex Benth. 多年生草本。根茎被褐色绒毛，须根细长簇生。茎直立。叶聚生于茎基部，厚纸质，卵形；叶背常带紫红色，密被长柔毛。花葶被褐色长柔毛。全草入药，可清热解毒。多见。

阿里山兔儿风（铁灯兔儿风）*Ainsliaea macroclinidioides* Hayata 多年生草本。根细弱，簇生。茎直立或平卧，密被棕色长毛。叶聚生于茎中部，边缘具芒状疏齿，背面疏被长毛。头状花序排成总状。多见。

豚草 *Ambrosia artemisiifolia* Linn. 一年生草本。茎直立，上部分枝。下部叶对生，上部叶互生，羽状分裂。头状花序密集成总状花序。本种在华东地区已成为恶性杂草。少见。

牛蒡 *Arctium lappa* Linn. 二年生草本。根粗大。茎直立粗壮，有棕黄色小腺点。基生叶丛生，宽卵形；中部叶互生，上部叶先端钝圆，基部心形；全株叶背面密被棕黄色毛及黄色小腺点。花紫红色。根入药，清热解毒、疏风利咽。少见。

黄花蒿 *Artemisia annua* Linn. 一年生草本。全株具浓烈特殊气味。茎中部以上多分枝，无毛。基部及下部叶在花期枯萎；中部叶三回羽裂，叶轴两侧具狭翅；上部叶小，常一回羽状细裂。头状花序球形，多数，花深黄色。含挥发油、青蒿素，可治疟疾。多见。

奇蒿（刘寄奴） *Artemisia anomala* S. Moore 草本。茎直立，于中上部分枝，被毛。叶缘有尖锯齿，背面被毛。头状花序极多数，无梗，密集于花枝上，排成大型圆锥状；总苞3～4层；花冠管状，淡黄色。全草入药，清热利湿、活血行瘀、通经止痛。常见。

白苞蒿 *Artemisia lactiflora* Wall. ex DC. 多年生草本。茎直立，无毛，具条棱。中部叶片1～2回羽状深裂、中裂片又常3裂，上部叶片常3裂或不裂，边缘具细锯齿。头状花序多数，排列为圆锥状。全草入药，有清热解毒，消炎止痛之效。常见。

矮蒿（野艾蒿）*Artemisia lancea* Vaniot
多年生草本。具香气。根状茎粗壮。
茎成小丛生长。叶上密被白色腺点及
柔毛，二回羽状深裂或全裂。头状花
序极多，总苞3～4层，花冠紫红
色。入药，作为艾草的替代品，可驱
寒，温经。常见。

马兰 *Aster indicus* Linn. 草本。茎基
部及叶柄有时带紫红色，茎疏被短
毛。叶薄，基部渐变狭，边缘从中
部以上具少数浅齿，上部叶全缘无
柄。头状花序单生于枝端呈伞房状，
总苞片上部草质，舌状花紫色。消食
积、除湿热、利小便。常见。

三脉紫菀 *Aster trinervius* Roxb. ex
D. Don. subsp. *ageratoides* (Turcz.)
Grierson 多年生草本。茎直立。离基
三出脉，上面被糙毛，背面疏被腺
点。舌状花紫或淡红色。可煮水治疗
肿毒。常见。

大狼把草 *Bidens frondosa* Linn. 一年生草本。茎直立，常带紫色，钝四棱形。叶对生，叶片羽状全裂，边缘具粗锯齿。总苞片外层叶状。果扁平楔形，顶端具2芒刺，芒刺有倒刺。用于清热解毒。近似种**鬼针草** *B. pilosa* Linn. 叶片常三出全裂，总苞片外层匙形，果端具3～4条芒刺。多见。

天名精 *Carpesium abrotanoides* Linn. 粗壮草本。茎直立多分枝，上部密被短柔毛。下部叶叶缘齿端具腺体状胼胝体。头状花序单生于叶腋，近无梗，外层总苞片卵圆形，具缘毛。药用，清热解毒、祛痰止血。常见。

烟管头草 *Carpesium cernuum* Linn. 多年生草本。茎密被白色长柔毛，多分枝。基生叶开花前凋萎，下部叶两面均被白色柔毛。头状花序单生茎端，开花后下垂。全草入药，消炎止痛，治疗毒蛇咬伤。多见。

野菊 *Chrysanthemum indicum* Linn. 直立草本。茎上部分枝，被细毛。叶互生，中部叶羽状深裂，全部叶两面均有细柔毛，托叶有齿。花黄色。入药，清热解毒、凉血降压。多见。

蓟 *Cirsium japonicum* DC. 多年生草本。基生叶羽状深裂，边缘有小锯齿，齿端有针刺，基部下延为翼柄；中部叶羽状深裂，基部抱茎。总苞钟状，苞片边缘有刺，均为管状花；冠毛多层。药用，凉血、止血、利尿。多见。

刺儿菜 *Cirsium arvense* (Linn.) Scop. var. *integrifolium* Wimm. et Grab. 直立草本。幼茎被毛，上部分枝。叶基部楔形，无叶柄，两面绿色，有白色蛛丝状毛；叶缘有细密针刺。可利尿、止血。多见。

野茼蒿（革命菜）*Crassocephalum crepidiodes* (Benth.) S. Moore 直立草本。茎上具多条纵棱。叶无毛，边缘不规则锯齿。头状花序在茎端排成伞房状，总苞1层。嫩叶是一种美味的野菜。全草入药，健脾，消肿。常见。

尖裂假还阳参（抱茎小苦荬）*Crepidiastrum sonchifolium* (Maxim.) Pak et Kawano subsp. *sonchifolium* 多年生草本，有乳汁。中部叶不规则羽裂，基部心形或耳状抱茎；上部叶心状披针形，多全缘、抱茎。舌状花黄色。常见。

鳢肠 *Eclipta prostrata* (Linn.) Linn. 草本。茎基部分枝，被糙硬毛，干后变黑。叶片披针形，两面密被硬糙毛，基出三脉，无叶柄。头状花序有梗；冠毛退化呈小鳞片，果实黑色。入药，收敛、止血、补肝肾。常见。

一年蓬 *Erigeron annuus* (Linn.) Pers. 茎直立，上部分枝，被短硬毛，下部被长硬毛。基部叶基部形成具翅的长柄，边缘具粗齿。头状花序缘花舌状，白色，盘花管状黄色。治疟疾。常见。

香丝草（野塘蒿）*Erigeron bonariensis* Linn. 草本。茎灰绿色，被贴生短毛，杂有稀疏长毛。叶两面被粗毛。头状花序径约 0.8～1 cm，冠毛淡红褐色。清热解毒、止血。常见。

小蓬草（小飞蓬）*Erigeron canadensis* Linn. 草本。茎直立，被疏长毛。叶两面或仅上面疏被短毛，下部叶基部渐狭成柄，中上部叶边缘有睫毛。头状花序径约 3～4 mm。消炎止血、祛风湿。常见。

多须公（华泽兰） *Eupatorium chinense* Linn. 草本。茎直立，被白色短柔毛。叶对生，两面有毛和腺点，叶基部圆，叶柄短。头状花序构成伞房状，内层总苞片先端钝圆。下位瘦果被黄色腺点。可消炎退热、消肿止痛。多见。

泥胡菜 *Hemisteptia lyrata* (Bunge) Fisch. et C. A. Mey. 草本。茎有纵条纹，上部分枝，茎、叶柄、叶背面密被白色绵毛。叶羽状分裂。头状花序具长梗，总苞片背面有紫红色龙骨状附片，管状花紫红色。作蔬菜、饲料。多见。

大头橐吾 *Ligularia japonica* (Thunb.) Less. 多年生草本。茎上部被柔毛。叶3～5掌状全裂，裂片再裂，边缘有锯齿，两面幼时有毛，后无毛，叶柄基部抱茎。头状花序2～8个排成伞房状，缘花舌状，黄色。观赏。中、高海拔分布，常见。

假 福 王 草 *Paraprenanthes sororia* (Miq.) C. Shih 一年生草本，高可达 150 cm。茎直立，单生，全株无毛。基生叶花期枯萎，中部叶大头羽状半裂或深裂，顶裂片大，三角状戟形。头状花序多数，总苞片 4 层，舌状花粉红色。常见。

天目山蟹甲草（蝙蝠草） *Parasenecio matsudai* (Kitam.) Y. L. Chen 多年生草本。茎直立，不分枝。基生叶花期凋落，叶片宽三角形，近无毛。头状花序多数，排成宽圆锥花序，总苞宽钟形，总苞片 10；花冠黄色。中海拔分布。

拟 鼠 麴 草 *Pseudognaphalium affine* (D. Don) Anderb. 草本。全株密被白色绵毛。基部分枝丛生状；中下部叶匙形，无叶柄。头状花序伞状，总苞片金黄色或柠檬黄色。嫩茎叶可食。入药可镇咳、祛痰、降血压。常见。

千里光 *Senecio scandens* Buch.-Ham. ex D. Don 多年生草本。根状茎木质化。茎攀缘状倾斜，曲折多分枝，具棱。叶互生，长三角形，基部楔形或截形，边缘有齿或深裂，上部叶变狭。总花梗开展甚至反折，花黄色。入药，清热解毒、抗菌消炎、杀虫止痒、去腐生肌。常见。

蒲儿根 *Sinosenecio oldhamianus* (Maxim.) B. Nord. 直立草本。茎下部及叶背面被白色绵毛。叶互生，心状圆形，边缘具不等大锯齿，掌状叶脉，侧脉分叉明显，具叶柄。总花梗纤细，花黄色。常见。

苦苣菜 *Sonchus oleraceus* Linn. 草本。具乳汁。茎直立中空，具棱，中上部及花序梗被褐色腺毛。叶互生，羽状深裂，侧裂片边缘具刺状尖齿。舌状花黄色，冠毛白色。祛湿、清热解毒，或作蔬菜。常见。

南方兔儿伞 *Syneilesis australis* Y. Ling 草本。根状茎横走。基生叶1，圆盾形，具长柄；茎生叶2，叶互生，掌状深裂，裂片再裂并有锯齿。头状花序排成复伞房状。根可活血。常见。

蒲公英 *Taraxacum mongolicum* Hand.-Mazz. 草本。具乳汁。根黑褐色。叶基生，倒披针形，羽状分裂；羽片倒向伸展，叶柄具翅。头状花序，外层总苞片狭窄，有角状突起，舌状花鲜黄色。果喙细长，冠毛白色。常见。

苍耳 *Xanthium strumarium* Linn. 一年生草本。茎直立。叶卵状三角形或心形，基部两耳间楔形，背面苍白色，被糙伏毛。雌头状花序椭圆形，成熟后总苞表面具钩刺。总苞内含下位瘦果2枚。做肥皂、香料及药用。常见。

黄鹌菜 *Youngia japonica* (Linn.) DC. 一年生草本。具乳汁。茎直立，疏被毛。基生叶丛生，倒披针形，大头羽裂，花茎上叶常退化。头状花序成圆锥状，舌状花黄色。常见。

天南星科 Araceae

* $P_{3+3} A_{3+3} \underline{G}_{(2-3:2-3:\infty)}$;

♂* $P_0 A_{2-6}$ ♀* $P_0 \underline{G}_{(1, 3-5:1-\infty: 1-\infty)}$

金钱蒲（石菖蒲） *Acorus gramineus* Sol. ex Aiton 具根状茎。茎、叶揉之有强烈芳香味。叶片条形无中肋，宽 7 ~ 13 mm。佛焰苞叶状，长为肉穗花序 2 倍以上；花两性。入药，可开窍化痰、辟秽杀虫。常见。

灯台莲 *Arisaema bockii* Engler 块茎扁球形；鳞叶膜质。叶片鸟足状 5 裂，裂片全缘或有锯齿。佛焰苞淡绿色至暗紫色，管部漏斗状。肉穗花序单性。浆果黄色。可消肿止痛、燥湿祛痰、除风解痉。常见。

一把伞南星 *Arisaema erubescens* (Wall.) Schott 块茎扁球形；鳞叶有紫褐色斑纹。叶1，稀2，叶柄下部具鞘，叶片放射状分裂，先端长渐尖。佛焰苞背面有清晰白色条纹。多见。

天南星 *Arisaema heterophyllum* Blume 块茎近球形；鳞叶膜质。叶1枚，鸟足状分裂，裂片7～19。肉穗花序附属器上部延伸，鞭状。浆果红色。块茎入药，解毒消肿、祛风定惊。常见。

滴水珠 *Pinellia cordata* N. E. Br. 块茎球形，表面密生多数须根。叶1，叶柄几无鞘；多年生植株叶片基部心形。花序柄短于叶柄；佛焰苞长3～7 cm。块茎入药，有小毒，能解毒止痛、散结消肿。多见。

半夏 *Pinellia ternata* (Thunb.) Ten. ex Breitenb. 块茎圆球形，上部生许多须根。叶 2～5 裂，具鞘，常具珠芽，幼苗叶片全缘，成年植株叶片 3 全裂。总花梗长于叶柄。可燥湿化痰，降逆止呕。多见。

鸭跖草科 Commelinaceae

$\uparrow K_3 C_3 A_{3+3} \underline{G}_{(3:2-3:1)}$

饭包草（火柴头） *Commelina benghalensis* Linn. 多年生披散草本。茎大部分匍匐，节上生根。叶有明显的叶柄。总苞片漏斗状，与叶对生；上升分枝有花数朵，结实，不伸出佛焰苞，匍匐分枝具细长梗，具闭锁不孕花；花瓣蓝色，圆形。多见。

鸭跖草 *Commelina communis* Linn. 一年生草本。茎上部直立，下部匍匐，多分枝。叶鞘紧密抱茎。总苞片佛焰状，心状卵形，萼片白色，花瓣蓝色。治发热、腮腺炎等。常见。

杜若 *Pollia japonica* Thunb. 多年生草本。根状茎长而横走。叶无柄或叶基渐狭。花序远远伸出上部叶片，总苞片披针形，萼片 3；花瓣白色，倒卵状匙形；雄蕊 6 枚全育，近相等。果球状，果皮黑色。少见。

灯心草科 Juncaceae

$*P_{3+3}A_{3+3}\underline{G}_{(3:1:3-\infty)\ \text{或}\ (3:3:3-\infty)}$

野灯心草 *Juncus setchuensis* Buchenau ex Diels 草本。根状茎横走。茎圆柱形，簇生，直径 0.8 ~ 1.5 mm。基部有鳞叶，成刺芒状。复聚伞花序假侧生，总苞片直立而似茎的延伸。蒴果。常见。

莎草科 Cyperaceae

$\uparrow P_0 A_{1-3}\underline{G}_{(2-3:1:1)};$

$\male\uparrow P_0 A_{1-3}\quad \female\uparrow P_0\underline{G}_{(2-3:1:1)}$

垂穗薹草 *Carex brachyathera* Ohwi 多年生草本。根状茎木质，常具匍匐茎。秆纤细，三棱形，高 30 ~ 60 cm，稍坚挺，基生叶鞘褐色。叶短于秆，宽 1.5 ~ 2.5 mm。苞片长于叶鞘，小穗 3 ~ 5 个，棒状。果囊密被糙硬毛。常见。

舌叶薹草 *Carex ligulata* Nees ex Wight 多年生草本。具木质根状茎。三棱形秆粗壮，高35～70 cm，上部生叶，下部为无叶片的鞘。叶质软，具小横隔脉，宽6～12 mm，叶鞘上下不互相套叠。苞片叶状，小穗5～7个，顶生者为雄性。果囊密生毛。多见。

粉被薹草 *Carex pruinosa* Boott 多年生草本。根状茎短。秆丛生，高30～80 cm，稍坚挺，具红褐色叶鞘。叶与秆近等长，宽3～5 mm。苞片叶状，长于花序，小穗3～5个。果囊密生乳头状突起。常见。

书带薹草 *Carex rochebruni* Franch. et Sav. 多年生草本。根状茎短，木质。秆丛生，三棱形，高20～50 cm。叶短于或长于秆，质软，宽2～3 mm。苞片长于花序，小穗5～10个。果囊长于鳞片，绿色或淡绿色。多见。

碎米莎草 *Cyperus iria* Linn. 一年生草本。秆丛生。叶鞘红棕或棕紫色。小穗扁平，具6～20花，小穗轴近无翅。鳞片背面龙骨状，绿色，两侧黄色，顶端具干膜质边缘。小坚果三棱状，黑褐色。常见。

水虱草 *Fimbristylis littoralis* Gaudich. 一年生草本。秆丛生，扁四棱形，秆基部具无叶片的鞘。叶剑形，边缘有细齿；叶鞘具膜质锈色的边缘。聚伞花序，小穗圆柱形，单生，柱头3。常见。

短叶水蜈蚣 *Kyllinga brevifolia* Rottb. 多年生草本。具匍匐茎，秆散生，下部具叶。穗状花序单一，近球形，密生无柄小穗，小穗基部具关节。鳞片背面龙骨突上有刺，顶端延伸成外弯的短尖。常见。

禾本科 Gramineae

$↑P_{2-3}A_{3,3+3}\underline{G}_{(2-3:1:1)}$

看麦娘 *Alopecurus aequalis* Sobol. 一年生草本。秆细瘦光滑，节处常膝曲。叶片扁平，叶舌薄膜质。圆锥花序紧缩成棒状，宽 3～6 mm；小穗长 2～3 mm，具 1 小花，脱节于颖之下；脱落的小穗基部不具柄。花药橙黄色。颖果长约 1 mm。常见。

野燕麦 *Avena fatua* Linn. 一年生。秆直立。叶片扁平，叶舌透明膜质，长 1～5 mm。圆锥花序开展，小穗含小花 2～3，小穗轴自每一小花之下断落，外稃的芒膝曲扭转。颖果被淡棕色柔毛。可作饲料或造纸。多见。

菵草 *Beckmannia syzigachne* (Steud.) Fernald 一年生。秆丛生，直立。叶鞘无毛，叶舌透明膜质。圆锥花序，小穗倒卵圆形，两侧压扁，含 1 小花，成双行覆瓦状排列于穗轴一侧，无芒。作饲料。常见。

狗牙根 *Cynodon dactylon* (Linn.) Pers.
多年生矮小草本。秆细而坚韧，下部匍匐地面蔓延甚长。叶片条形，叶舌仅为一轮纤毛。小穗仅含 1 小花，第二颖稍长，内稃与外稃近等长。为良好的固堤保土植物，常用以铺建草坪或球场。常见。

纤毛马唐 *Digitaria ciliaris* (Retz.) Koeler 一年生草本。秆基部横卧。叶片条状披针形。总状花序 5 ~ 8 在秆顶排成指状；小穗长 3 ~ 3.5 mm，第一颖小，第二颖及第一外稃边缘通常有纤毛，第二外稃成熟后黄绿色，小穗柄先端平截。近似种**紫马唐** *D. violascens* Link 叶鞘通常无毛。第二外稃成熟后深棕色或紫黑色，小穗长不及 2 mm。常见。

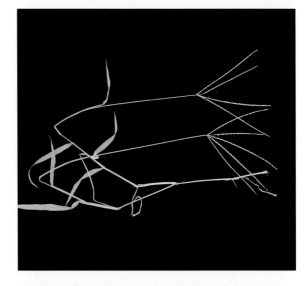

稗 *Echinochloa crusgalli* (Linn.) P. Beauv. 一年生。秆高可达 150 cm，光滑无毛，基部倾斜或膝曲。叶鞘无毛，叶缘粗糙，叶舌缺。花序圆锥状，直立，主轴具棱，含小花 2；第二颖具芒或无芒。常见。

牛筋草 *Eleusine indica* (Linn.) Gaertn. 一年生草本。秆丛生，基部倾斜，高15 ~ 90 cm。叶鞘压扁，具脊；鞘口常有柔毛。穗状花序指状排列于秆顶；小穗无柄，成双行紧密排列于穗轴一侧，长4 ~ 7 mm；第一外稃脊上有狭翼。常见。

柯孟披碱草（鹅观草） *Elymus kamoji* (Ohwi) S. L. Chen 一年生草本。秆散生，高可达100 cm。叶鞘光滑，外侧边缘常具纤毛。花序穗状，下垂，每节小穗1；小穗含小花3 ~ 10；内、外稃近等长，内稃脊具翼。常见。

大白茅 *Imperata cylindrica* (Linn.) P. Beauv. var. *major* (Nees) C. E. Hubb. 多年生草本。具根状茎。秆节上有长柔毛。叶鞘无毛，老时在秆基部常破碎成纤维状。小穗柄及基盘密被长柔毛，使花后花序呈白色；柱头紫色。花序可止血。多见。

阔叶箬竹 *Indocalamus latifolius*
(Keng) McClure 秆高约 1 m，秆节下方具一圈毛环。秆箨宿存，箨鞘外面密被棕褐色簇状短刺毛，箨舌平截，鞘口顶端有继毛，无箨耳，箨片近锥形。叶鞘无毛，叶耳与鞘口无继毛，叶舌先端具纤毛。叶包粽子。常见。

千金子 *Leptochloa chinensis* (Linn.)
Nees 一年生。秆直立。叶鞘及叶片均无毛。圆锥花序；小穗含小花 3 ~ 7，长 2 ~ 4 mm；外稃无芒。可作牧草。近似种**虮子草** *L. panicea* (Retz.) Ohwi 叶鞘及叶片均具疣毛。小穗长 1 ~ 2 mm。常见。

淡竹叶 *Lophatherum gracile* Brongn.
多年生草本。具木质根茎。叶片披针形，叶舌短小，质硬。圆锥花序，分枝上小穗排列疏散，第一外稃宽约 3 mm。全草入药，清热利尿。常见。

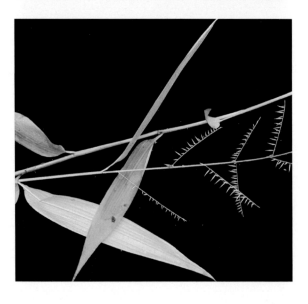

五节芒 *Miscanthus floridulus* (Labill.) Warb. ex K. Schum. et Lauterb. 多年生草本。秆节下常具白粉。叶舌先端无纤毛。小穗有芒，长 3 ~ 3.5 mm；圆锥花序主轴延伸至少长达花序的 2/3 以上。近似种芒 *M. sinensis* Andersson 花序主轴仅延伸至中部以下，小穗长 4 ~ 5 mm。常见。

求米草 *Oplismenus undulatifolius* (Ard.) Roem. et Schult. 一年生草本。秆纤细，基部平卧，秆节处生根。叶片披针形，具横脉，叶鞘及花序轴有疣基毛。花序分枝短缩至不足 2 cm；小穗被硬刺毛，颖有芒。多见。

双穗雀稗 *Paspalum distichum* Linn. 多年生。秆下部匍匐，节上被短绒毛。叶舌膜质。总状花序常 2 枚，指状排列；小穗 2 行排列于穗轴一侧。常见。

狼尾草 *Pennisetum alopecuroides* (Linn.) Spreng. 多年生草本。秆直立，丛生，高 30 ~ 120 cm。叶舌短小，其上具一圈毛；叶片常内卷。圆锥花序紧缩呈圆柱状，主轴硬，密生柔毛；小穗及小穗簇下托有多数总苞状刚毛，成熟时刚毛连同小穗一起脱落。多见。

显子草 *Phaenosperma globosa* Munro ex Benth. 多年生草本。秆直立而高大，光滑无毛。叶片常反卷而使上表面向下成灰绿色、背面向上成深绿色；叶鞘光滑无毛；叶舌质较硬，长达 2.5 cm。圆锥花序。颖果倒卵球形。常见。

毛 竹 *Phyllostachys edulis* (Carrière) J. Houz. 秆高可达 20 余米，粗达 18 cm。秆箨厚革质，密被糙毛和斑点，箨舌先端拱凸，鞘口𫄧毛发达。叶鞘无叶耳。多种用材。常见。

早竹　*Phyllostachys violascens* (Carr.) A. Riv. et C. Riv. 秆高 7 ~ 11 m，被白粉。箨鞘密被褐色斑点；箨耳及鞘口繸毛不发育；箨舌先端拱凸；箨片长矛形至带状，反转，皱褶。叶片长 6 ~ 18 cm。早春主要时令菜鲜之一。同属**灰竹** *P. nuda* McClure 秆高 6 ~ 9 m，直径 2 ~ 4 cm；箨片平直不反转。是制作天目笋干的主要竹种。常见栽培。

白顶早熟禾　*Poa acroleuca* Steud. 一年或二年生草本。秆直立丛生。叶鞘光滑；叶舌膜质，近半圆形，长约 1 mm；叶片柔软，光滑或上面微粗糙。圆锥花序细弱下垂；小穗粉绿色，卵圆形，含 2 ~ 4 小花；外稃的基盘有绵毛。常见。

棒头草　*Polypogon fugax* Nees ex Steud. 一年生草本。秆丛生，基部膝曲，光滑。叶鞘光滑无毛；叶舌膜质，先端开裂；叶片扁平。圆锥花序幼时紧缩，成熟时至顶端向下开展成疏松穗状；小穗的柄状基盘长约 0.5 mm；颖片先端 2 裂，芒约等长于小穗。常见。

棕叶狗尾草 *Setaria palmifolia* (J. König) Stapf 多年生草本。叶鞘具脊，鞘口及边缘具纤毛；叶片宽 2 ~ 6 cm，具显著纵向皱褶，基部窄缩成柄状。圆锥花序开展。多见。

金色狗尾草 *Setaria pumila* (Poir.) Roem. et Schult. 一年生草本。秆直立或基部倾斜膝曲。叶鞘下部扁压具脊，光滑无毛；叶舌具纤毛。圆锥花序主轴上每一分枝仅有一个发育小穗，刚毛金黄色。多见。

狗尾草 *Setaria viridis* (Linn.) P. Beauv. 一年生草本。叶鞘松弛，叶舌具纤毛。小穗长 2 ~ 2.5 mm，第二颖与谷粒等长，小穗脱落后刚毛仍宿存于穗轴上。可作饲料。药用，治痈疗、面癣。近似种**大狗尾草** *S. faberi* R. A. W. Herrm. 花序通常弯垂，第二颖明显短于第二外稃。常见。

鼠尾粟 *Sporobolus fertilis* (Steud.) Clayton 多年生。秆直立丛生，坚硬，平滑无毛。叶舌纤毛状，叶片较硬，内卷。圆锥花序紧缩；分枝紧贴主轴，密生小穗；小穗仅具 1 花。颖果成熟后红褐色。常见。

菰 *Zizania latifolia* (Griseb.) Turcz. ex Stapf 多年生水生草本。具匍匐根状茎；须根粗壮。秆高大直立，高 1～2 m。圆锥花序分枝多数簇生，上升，雄小穗两侧压扁；雌小穗圆筒形。秆基嫩茎为**真菌** *Ustilago edulis* 寄生后，粗大肥嫩，称茭白。多见栽培。

芭蕉科 Musaceae

$\uparrow P_{(5), 1} A_5 \overline{G}_{(3:3:\infty)}$

芭蕉 *Musa basjoo* Sieb. et Zucc. 多年生草本。植株高 2.5～4 m。叶片长圆形，先端钝，叶柄粗壮。花序顶生，下垂；苞片红褐色或紫色；雄花生于花序上部；雌花生于花序下部。浆果。叶纤维为芭蕉布的原料，亦为造纸原料。忠烈祠有栽培。

姜科 Zingiberaceae

$\uparrow K_{(3)} C_{(3)} A_1 \overline{G}_{(3:3:\infty)}$

襄荷　*Zingiber mioga* (Thunb.) Roscoe 根状茎不明显，根末端膨大。叶二列，基部具鞘。穗状花序单独从根状茎发出，无总梗或短；苞片带红色，具紫色脉纹。蒴果熟时 3 瓣裂，果皮内鲜红色。种子黑色，被白色假种皮。入药，温中理气、活血止痛、化瘀解毒。少见。

百合科 Liliaceae

* $P_{3+3} A_{3+3} \underline{G}_{(3:3:\infty)}$

天门冬　*Asparagus cochinchinensis* (Lour.) Merr. 根状茎膨大。茎攀缘，分枝具纵棱或狭翅，叶状枝常 3 枚簇生、绿色，镰刀状扁平。鳞片状叶膜质，黄褐色。浆果红色。块根入药，滋阴生津、润肺清心。常见。

绵枣儿　*Barnardia japonica* (Thunb.) Schult. et Schult. f. 鳞茎卵形，皮黑褐色。基生叶常 2 ~ 5 枚，狭带状，长 15 ~ 40 cm，柔软。花葶常长于叶；总状花序具多花，粉红色。果近倒卵形。种子 1 ~ 3，黑色。多见。

荞麦叶大百合 *Cardiocrinum cathaya-num* (E. H. Wilson) Stearn 多年生草本。叶大，卵状心形，先端急尖，基部近心形，表面光亮，叶柄上面具沟槽。花长约 13 cm，花乳白色，内具紫色条纹。蒴果。种子有膜翅，扁平层叠。少见。

少花万寿竹（宝铎草） *Disporum uniflorum* Baker ex S. Moore 多年生草本。根状茎肉质。茎上部有分枝，下部各节具膜质鞘。叶边缘和背面脉上具极细小乳头状突起。花序着生于茎和分枝顶端，下垂；花被片近直出，基部具短距。多见。

萱草 *Hemerocallis fulva* (Linn.) Linn. 多年生草本。具短的根状茎。叶基生，二列，叶片通常鲜绿色，宽 1.5～3.5 cm。花橘红色或稍淡，长 7～12 cm。花食用；根入药，有清热利尿、凉血止血作用。多见。

紫萼　*Hosta ventricosa* (Salisb.) Stearn
多年生草本。叶基生，卵状心形至卵
形，侧脉 7 ~ 11 对，弧形上升；叶
柄两侧不内卷，较张开。花淡紫色，
无香味，花长 3.5 ~ 6 cm。治跌打
损伤、疮疖痈肿等。常见。

野百合　*Lilium brownii* F. E. Brown
ex Miellez 鳞茎近球形，鳞片卵状披
针形；茎带紫色斑，有排列成纵行
的小乳头状突起。叶互生，叶披针
形或条形。花 1 至数朵顶生，乳白
色，喇叭状。鳞茎可供食用或药用。
多见。

阔叶山麦冬　*Liriope muscari* (Decne.)
L. H. Bailey 根细长，分枝多，局部膨
大成纺锤状块根。根状茎短，木质。
叶丛生，革质，长 25 ~ 65 cm，宽
1 ~ 3.5 cm，先端急尖或钝。花葶
通常长于叶，总状花序具多花，花被
片紫色。种子球形，成熟时黑紫色。
多见。

华重楼 *Paris polyphylla* Sm. var. *chinensis* (Franch.) H. Hara 根状茎粗壮，密生环节。叶6～8枚轮生于枝顶。花单生于枝顶，花梗似茎的延续，外轮花被片叶状，内轮花被片条形、短小。入药，清热解毒、消肿止痛。多见。

多花黄精 *Polygonatum cyrtonema* Hua 根状茎结节状，茎弯拱，不分枝。叶互生，排成二列，两面无毛。伞形花序腋生、下垂，在茎下排列整齐。浆果成熟时黑色。入药，补脾润肺、益气养阴。常见。

长梗黄精 *Polygonatum filipes* Merr. ex C. Jeffrey et McEwan 根状茎结节状，茎弯拱，不分枝。叶互生，排成二列，背面脉上被毛。伞形花序腋生，下垂；花序梗纤细。入药，补脾润肺、益气养阴。多见。

玉竹　*Polygonatum odoratum* (Mill.) Druce
多年生草本。根状茎扁圆柱形。茎
弯拱，上部稍具3棱。叶互生，二
列状，脉上平滑。伞形花序腋生，下
垂。根状茎入药，滋阴润肺，生津止
渴。多见。

吉祥草　*Reineckea carnea* (Andrews)
Kunth 多年生草本。根状茎匍匐，每
隔一定距离向上长出叶簇，每簇叶
3～8枚。叶片线状披针形或倒披针
形，宽1～2 cm。花葶从下部叶腋
抽出。浆果熟时暗红色。全草入药，
润肺止咳、补肾除湿。常见。

油点草　*Tricyrtis macropoda* Miq. 多
年生草本。根状茎横生。茎单一，有
时带紫褐色，上部疏生糙毛。叶上面
散生油迹状斑点。二歧聚伞花序，花
被片内面散生紫红色斑点。常见。

牯岭藜芦 *Veratrum schindleri* Loes.
具鳞茎。茎高可达 120 cm。叶宽大，两面无毛，折扇状脉明显。大型圆锥花序顶生；花淡黄绿色或淡褐色。根药用，可催吐、祛痰、杀虫。中、高海拔分布，多见。

鸢尾科 Iridaceae

$*P_{(3+3)}A_3 \overline{G}_{(3:3:\infty)}$

蝴蝶花 *Iris japonica* Thunb. 多年生草本。叶基生，剑形，中脉不明显。花茎多分枝；苞片叶状；花淡蓝色；花被管明显；外轮花被片边缘波状，有细齿裂；花柱分枝先端丝状分裂。入药可消肿止痛，清热解毒。常见。

粗壮小鸢尾 *Iris proantha* Diels var. *valida* (S. S. Chien) Y. T. Zhao 多年生草本。根状茎节处膨大。叶条形，宽 8 mm 以内，淡绿色、无光泽，无中央纵向主叶脉。花茎高 20 ~ 28 cm；外轮花被有深紫色环形斑纹，中脉具黄色鸡冠状附属物；内轮花被片直立，花柱分枝淡蓝色，顶端分裂。果梗不弯曲。多见。近似种**小花鸢尾** *I. speculatrix* Hance 叶片有中央纵向主叶脉，叶片墨绿色、油亮。果梗弯曲成 90° 角。

百部科 Stemonaceae

* $P_{2+2}A_4 \underline{G}_{(2:1:2-\infty)}$

黄精叶钩吻（金刚大）*Croomia japonica* Miq. 多年生草本。地下茎横走；茎直立，不分枝，基部具鞘。叶互生，3～6枚，主脉7～9条，有斜出侧脉。花序梗纤细，花小。可解蛇毒。少见。

百部 *Stemona japonica* (Blume) Miq. 多年生缠绕草本。块根肥大。常4叶轮生，边缘微波状，主脉7条，叶柄纤细。花单生或总状花序，花序梗大部分贴生于叶片中脉上。药用，润肺止咳、抗痨杀虫。多见。

拔葜科 Smilacaceae

* $P_{3+3}A_{3+3,\,(3+3)} \underline{G}_{(3:1:1-\infty)}$ 或 $(3:3:1-\infty)$

土茯苓 *Smilax glabra* Roxb. 常绿攀缘灌木。根状茎坚硬有刺，茎无刺。叶革质，具3主脉，脱落点位于叶柄顶端。伞形花序，总花梗明显短于叶柄。浆果成熟时紫黑色，具白粉。入药，破瘀血、强筋骨。多见。

黑果菝葜 *Smilax glaucochina* Warb. 攀缘灌木。根状茎粗短。茎具疏刺。叶厚纸质，椭圆形，具 3 ~ 5 脉；叶柄具卷须，脱落点位于卷须着生点稍上方。伞形花序，总花梗显著长于叶柄，花黄绿色。浆果熟时黑色。多见。近似种**华东菝葜** *S. sieboldii* Miq. 叶草质，卵形至卵状心形，总花梗较短；**菝葜** *S. china* Linn. 叶片脱落点位于卷须着生处。茎可制淀粉。

牛尾菜 *Smilax riparia* A. DC. 多年生攀缘草本。有粗壮发达的须根。茎无刺。叶薄纸质，背面无毛；叶柄具卷须，脱落点位于叶柄顶端的下方。伞形花序，花梗纤细，花黄绿色。浆果成熟时黑色。入药祛风、活血、散瘀。多见。

薯蓣科 Dioscoreaceae

* $P_{(3+3)}A_{3+3}\overline{G}_{(3:3:2)}$

纤细薯蓣 *Dioscorea gracillima* Miq. 缠绕草本。根状茎横生，竹节状分枝。茎无毛。单叶互生，但茎最下部及幼株顶端者常 3 ~ 5 叶轮生状，主脉 9 条。雌雄异株。果序下垂，蒴果三棱状球形。该种是制造甾体激素类药物原料。常见。

日本薯蓣 *Dioscorea japonica* Thunb. 缠绕草质藤本。块茎垂直生长。单叶，在茎下部的互生，中部以上的对生，长三角状心形或披针状心形。雌雄异株。蒴果三棱状扁球形。多见。

兰科 Orchidaceae

$\uparrow P_{3+3} A_{3-1} \overline{G}_{(3:1:\infty)}$

白及 *Bletilla striata* (Thunb.) Rchb. f. 多年生草本。假鳞茎扁球形，彼此相连，具环纹。叶具多条平行纵褶。花紫红色，萼片与花瓣相似，唇瓣上具纵皱褶。假鳞茎入药，补肺止血、生肌。少见。

钩距虾脊兰 *Calanthe graciliflora* Hayata 多年生草本。根状茎不明显，假鳞茎短。叶两面无毛。花葶长达 70 cm，密被短毛；唇瓣浅白色，3裂；距圆筒形，常钩曲，末端变狭。多见。

银兰 *Cephalanthera erecta* (Thunb.) Blume 地生草本。茎纤细，具叶2～4枚。叶折扇状脉明显。花白色，唇瓣上面具3条纵褶片，基部具距。蒴果狭椭圆形。入药可清热利尿，解毒，祛风，活血。少见。

金兰 *Cephalanthera falcata* (Thunb.) Blume 地生草本。茎直立。叶基部收狭并抱茎。总状花序通常有花5～10朵，花黄色，花瓣与萼片相似，唇瓣3裂，基部有距，距圆锥形。少见。

扇脉杓兰 *Cypripedium japonicum* Thunb. 地生草本。根状茎横走。茎粗直，被褐色长毛。叶常2枚，近对生，近扇形。单花，唇瓣紫红色。根状茎具活血调经、祛风镇痛之效。中海拔分布，少见。

大花斑叶兰 *Goodyera biflora* (Lindl.) Hook. f. 地生草本。根状茎匍匐伸长，具节。叶片墨绿色或褐绿色，具白色网状脉纹，背面带紫红色。花通常2～3朵，偏向一侧，花长管状，白色或淡粉色。叶片极具特色，可观赏。入药有清热解毒，行气活血，祛风止痛之功效。少见。

斑叶兰 *Goodyera schlechtendaliana* Rchb. f. 地生草本。茎下部匍匐，上部直立。茎、花序轴、花萼具柔毛。叶上面绿色，具不均匀白色斑纹。总状花序具5～20朵，花偏向一侧生长。入药，治咳嗽、毒蛇咬伤。少见。

长唇羊耳蒜 *Liparis pauliana* Hand.-Mazz. 多年生草本。假鳞茎包于薄膜鞘内。叶常2枚，基部收狭成鞘，边缘皱波状，具不规则细齿。花序柄两侧具狭翅，花淡紫色，唇瓣基部具2条纵褶片。蒴果上部具6翅。少见。

绶草　*Spiranthes sinensis* (Pers.) Ames

多年生草本。株高 13 ~ 20 cm，茎直立，基部簇生数条肉质根。叶稍肉质，条形至倒披针形。穗状花序，花在花序轴上螺旋状扭转排列，淡红色或白色。全草入药，治咽喉肿痛、肾炎、糖尿病。少见。

参 考 书 目

一、中文参考书目

[1]　丁炳扬，傅承新，杨淑贞．天目山植物学实习手册［M］.第2版．杭州：浙江大学出版社，2009.

[2]　丁炳扬，李根有，傅承新，等．天目山植物志：第一～四卷［M］.杭州：浙江大学出版社，2010.

[3]　冯志坚，周秀佳，马炜梁，等．植物学野外实习手册［M］.上海：上海教育出版社，1993.

[4]　李宏庆，田怀珍．华东种子植物检索手册［M］.上海：华东师范大学出版社，2010.

[5]　李新国，吴世福．植物学野外实习指导［M］.北京：科学出版社，2014.

[6]　马炜梁，王幼芳，李宏庆．植物学［M］.第2版．北京：高等教育出版社，2015.

[7]　王幼芳，李宏庆，朱瑞良．天目山野外实习常见植物图集［M］.上海：华东师范大学出版社，2012.

[8]　中国科学院中国植物志编委会．中国植物志：1～80卷［M］.北京：科学出版社，1959—2003.

二、外文参考书目

[1]　WU ZHENG YI, RAVEN PETER, HONG DE YUAN. Flora of China: Vol. 1–25 ［M］. Beijing：Science Press, 1994–2013.

中文名索引

243

244

247

拉丁名索引

图书在版编目（CIP）数据

天目山植物学野外实习指导/李宏庆等主编.—上海：华东师范大学出版社，2016
华东师大教材基金
ISBN 978-7-5675-5872-4

Ⅰ.①天…　Ⅱ.①李…　Ⅲ.①天目山–植物学–实习–高等学校–教学参考资料
Ⅳ.①Q94-45

中国版本图书馆CIP数据核字（2016）第277286号

华东师范大学教材出版基金资助出版

天目山植物学野外实习指导

主　　编　李宏庆　朱瑞良　王幼芳　田怀珍
组稿编辑　孔繁荣
项目编辑　夏　玮
特约审读　陈俊学
责任校对　张　雪
装帧设计　高　山

出版发行　华东师范大学出版社
社　　址　上海市中山北路3663号　邮编 200062
网　　址　www.ecnupress.com.cn
电　　话　021-60821666　行政传真 021-62572105
客服电话　021-62865537　门市（邮购）电话 021-62869887
地　　址　上海市中山北路3663号华东师范大学校内先锋路口
网　　店　http://hdsdcbs.tmall.com/

印 刷 者　上海新华印刷有限公司
开　　本　787×1092　16开
印　　张　17.25
字　　数　305千字
版　　次　2017年4月第一版
印　　次　2025年1月第二次
书　　号　ISBN 978-7-5675-5872-4/Q·029
定　　价　78.00元

出 版 人　王　焰